池溏养鱼实用技术

主　编

刘婉莹

编著者

于信勇　戴朝方　郑绍平

张树贵　王　华

金盾出版社

内容提要

本书系统介绍了池塘养鱼的先进实用技术,特别是北方地区养鱼技术。内容包括:鱼苗、鱼种的培育和选择,成鱼的驯化养殖,北方池塘养鱼的安全越冬技术,名优鱼种的养殖技术,鱼类的营养需要与饲料选择,池塘养鱼紧急情况的处理,池塘水环境的调控,常见鱼病防治及养鱼场的经营管理方法等。本书内容丰富,简明通俗,适于渔业生产经营管理人员和生产人员、水产科技工作者及有关院校师生阅读。

图书在版编目(CIP)数据

池塘养鱼实用技术/刘婉莹主编;于信勇等编著.—北京:金盾出版社,2000.6(2019.1 重印)
ISBN 978-7-5082-1157-2

Ⅰ.①池… Ⅱ.①刘…②于… Ⅲ.①鱼类养殖:池塘养殖-实用技术 Ⅳ.①S964.3

中国版本图书馆 CIP 数据核字(2000)第 12101 号

金盾出版社出版、总发行
北京市太平路 5 号(地铁万寿路站往南)
邮政编码:100036 电话:68214039 83219215
传真:68276683 网址:www.jdcbs.cn
北京军迪印刷有限责任公司印刷、装订
各地新华书店经销
开本:787×1092 1/32 印张:5.5 字数:120 千字
2019 年 1 月第 1 版第 20 次印刷
印数:187 001~190 000 册 定价:17.00 元
(凡购买金盾出版社的图书,如有缺页、
倒页、脱页者,本社发行部负责调换)

前　　言

水产养殖是发展农村经济和农民致富的重要产业。近年来，随着市场需求的变化，水产养殖在品种和结构上都发生了显著的变化。品种上由传统的"四大家鱼"向多品种、高品质、"名、特、优"方向发展；养殖模式也由原来的粗放低产向集约化、高产精养转化。当前，在进行农业产业结构战略调整的新形势下，广大水产养殖户急需对生产有指导意义、可操作性强的实用新技术。为了满足广大养殖户的需要，我们总结了十多年来水产养殖的先进经验，结合我们的科学研究成果，编写了《池塘养鱼实用技术》一书，献给读者。

本书较全面地介绍了北方兴起的以鲤、鲫、团头鲂、草鱼为主的驯化养鱼技术，以及与高密度精养相配套的水质调控、鱼病防治、安全越冬、紧急情况处理的措施与技术；介绍了史氏鲟、六须鲶、乌鳢、加州鲈、鳜鱼、鲶鱼、泥鳅、美国大口胭脂鱼等名优鱼类的养殖技术；还介绍了鱼种培育、鱼用饲料的选择与配制、渔场经营管理等方面的技术与知识。

本书注重实用性与先进性，面向生产一线，尤其适合于北方水产养殖人员阅读，对水产专业科技人员也有一定的参考价值。

由于作者水平有限，时间紧迫，书中缺点和错误在所难免，诚望读者提出宝贵意见。

编著者

2000 年 4 月

目　　录

第一章　鱼苗鱼种的培育和选择

第一节　鱼苗、鱼种的生物学特性

一、生产上常用的鱼苗、鱼种生长期的划分

根据鱼苗、鱼种的特点和我国传统习惯,生产上人们常常把鱼苗、鱼种的生长期划分为以下几个阶段。

水花:刚孵出 3～4 天,鳔已充气,能水平游动,可以下塘饲养的仔鱼。

乌子:鱼苗下塘后经 10～15 天的培育,全长约 2 厘米时的仔鱼。

夏花:乌子再经 5～10 天的培育,养成全长 3 厘米左右时的稚鱼,也称火片或寸片。

秋片:夏花经 3～5 个月的培育,养成全长 10～17 厘米的鱼种,由于是在秋天出塘,故称秋片。

春片:秋片越冬后称为春片。

二、食性变化

刚孵出的鱼苗以卵黄囊中的卵黄为营养,称内营养期。随着鱼苗逐渐长大,卵黄囊由大变小,此时鱼苗一面吸收卵黄,一面摄食外界食物,称混合营养期。卵黄囊消失后,鱼苗就完全靠摄食水中的浮游生物而生长,称外营养期。

几种主要养殖鱼类由鱼苗成长为鱼种的过程中,摄食方

式以及摄取的食物组成将发生如下的变化：

（一）**仔鱼早期**　这个时期，鱼苗刚刚下塘 1～5 天，全长 7～10 毫米。鲢、鳙、草、鲤等鱼苗的"口径"（特指鱼口的长径）大小相似，为 0.22～0.29 毫米，适口食物大小为 165～210 微米×700 微米。鱼苗摄食是靠视觉发现食物并主动吞食的，食物主要是轮虫、无节幼体和小型枝角类，过大的食物吞不下，过小的食物（浮游植物）吃不到。

（二）**仔鱼中期**　鱼苗下塘后的 5～10 天，主要养殖鱼类的全长为 12～15 毫米，几种鱼苗口径虽然基本相似，大小为 0.62～0.87 毫米，但摄食方式已开始出现区别，鲢和鳙摄食方式由吞食向滤食转化，适口的食物是轮虫、枝角类和桡足类，也有少量无节幼体和较大型的浮游植物。草、青、鲤鱼摄食方式仍然是吞食，适口食物是轮虫、枝角类、桡足类，还能吞食摇蚊幼虫等底栖动物。

（三）**仔鱼晚期**　鱼苗下塘后培育 10～15 天，此期鱼苗的全长 16～20 毫米，即乌子阶段。此时鲢、鳙由吞食完全转为滤食，但鲢的食物以浮游植物为主，鳙的食物以浮游动物为主。草、青、鲤鱼口径增大，摄食能力增强，主动吞食大型枝角类、摇蚊幼虫和其他底栖动物，并且草鱼开始吃幼嫩水生植物。

（四）**夏花期**　鱼苗的全长达 21～30 毫米，这时，几种鱼的食性分化更加明显，很快进入鱼种期。

（五）**鱼种期**　此时期鱼体全长 31～100 毫米，摄食器官和滤食器官的形态和机能都基本同成鱼，鲢、鳙的滤食器官逐渐发育完善，全长 50 毫米左右时与成鱼相同。草、青、鲤鱼的上下颌活动能力增强，可以挖掘底泥，有效地摄取底栖动物。

综上所述，青、草、鲢、鳙、鲤这五种主要养殖鱼类，由鱼苗发育至鱼种,其摄食方式和食物组成发生的规律性变化。鲢和鳙由吞食转为滤食,鲢由吃浮游动物转为主要吃浮游植物,鳙由吃小型浮游动物转为吃各种类型的浮游动物。草、青、鲤鱼始终都是主动吞食,草鱼由吃浮游动物转为吃草,青鱼由吃浮游动物转为吃底栖动物螺、蚬,鲤鱼由吃浮游动物转为主要吃底栖动物摇蚊幼虫和水蚯蚓等。

三、生活习性

(一)**栖息水层** 鱼苗初下塘时,各种鱼苗在池塘中是大致均匀分布的,当鱼苗长到 15 毫米左右时,各种鱼所栖息的水层随着它们食性的变化而各有不同。鲢、鳙因滤食浮游生物,所以多在水域的中上层活动。草鱼食水生植物,喜欢在水的中下层及池边浅水区成群游动。青鱼和鲤鱼除了喜食大型浮游动物外,主要吃底栖动物,所以栖息在水的下层,也到岸边浅水区活动,因为这个区域大型浮游动物和底栖动物较多。

(二)**对水温要求** 鱼苗、鱼种的新陈代谢受温度影响很大,当水温降到 15℃以下,主要养殖鱼类的食欲明显减弱,水温低于 7～10℃时,几乎停止或很少摄食,它们最适生长温度为 20～28℃,水温高于 36℃,生长受到抑制。

(三)**对水质要求** 由于鱼苗、鱼种对水质适应能力相对比成鱼差,因此对水质条件要求比较严格。

1. **对溶氧要求高** 鱼苗、鱼种的代谢强度比成鱼高得多,因此对水中的溶氧量要求高,青、草、鲢、鳙、鲤等摄食和生长的适宜溶氧量在 5～6 毫克/升或更高;水中溶氧应在 4 毫克/升以上,低于 2 毫克/升,鱼苗生长受到影响;低于 1 毫克/升,容易造成鱼苗浮头死亡。因此鱼苗、鱼种池必须保持充足的溶氧量,以保证鱼苗、鱼种旺盛的代谢和迅速生长的需要。

2. 对 pH 值适宜范围小 最适 pH 值为 7.5～9,长期低于 7 或高于 9.5 都会不同程度地影响生长和发育。

3. 对盐度适应能力差 成鱼可在 5‰盐度中正常发育,而鱼苗则在盐度 3‰的水中生长缓慢,成活率很低。鲢鱼苗在 5.5‰的盐度中不能存活。

4. 对氨的适应能力差 当总氨浓度大于 0.3 毫克/升时(pH 值为 8)鱼苗生长受到抑制。

四、生长特点

(一)鱼苗的生长特点 鱼苗到夏花阶段,相对生长率最高,是生命周期的最高峰。据测定,鱼苗下塘 10 天内,体重增长的倍数为:鲢鱼 62 倍,鳙鱼 32 倍,即平均每两天体重增加 1 倍多,平均每天增重 10～20 毫克,平均每天增长 1.2～1.3 毫米(表 1-1)。

表 1-1 鲢、鳙鱼苗生长状况

日　　龄	鲢　　鱼		鳙　　鱼	
	体长(毫米)	体重(毫克)	体长(毫米)	体重(毫克)
2	7.2	3	8.1	4
4	8.1	10	8.5	12
6	10.7	21	11.6	27
8	13.3	40	11.8	54
10	18.8	94	13.0	90
12	19.2	188	15.2	134

(二)鱼种的生长特点 鱼种阶段,鱼体的相对生长率较鱼苗阶段有显著下降,在 100 天的培育期间,每 10 天体重约

增加 1 倍,但绝对增重量则显著增加,平均每天增重:鲢鱼4.19克,鳙鱼6.3克,草鱼6.2克,与鱼苗阶段绝对增重相比达数百倍。在体长增长方面,平均每天增长数:鲢鱼2.7毫米、鳙鱼3.2毫米、草鱼2.9毫米,鲢鱼种体长增长为鱼苗阶段的2倍多,鳙鱼为4倍多。

影响鱼苗、鱼种生长速度的因素很多,除了遗传性状外,与生态条件密切相关,主要有放养密度、食物、水温和水质等。如果几个池塘放养同种鱼,池塘水质和食物条件又基本相似,那么放养密度小的生长速度就快于放养密度大的。这是因为池里鱼多,营养等生态条件相对就差,鱼的活动空间也小,生长就相对慢。

五、鱼苗、鱼种的体质鉴别

鱼苗、鱼种体质因受精卵质量、孵化过程中环境条件及饲养管理的影响,体质有强有弱,这就影响苗种的生长和成活率。我们在选择苗种时,要仔细检查鱼体的一些形态来判断苗种的优劣。鉴别方法如表1-2。

表 1-2 鱼苗、鱼种优劣鉴别

名称	鉴别方法	优 质	劣 质
鱼苗	看体色	群体色素相同,无白色死苗,鱼体清洁、略带微黄色或稍红	群体色素不一,为花色鱼,有白色死苗,鱼体拖带污泥,体色发灰带黑
	看鱼活动情况	在鱼篓内将水搅动,产生旋涡,鱼在旋涡边缘逆水游泳	鱼苗大部分被卷入旋涡
	抽样检查	把鱼苗放入有水的白瓷盆中,口吹水面,鱼苗逆水游泳,倒掉水后,鱼苗挣扎剧烈,头尾弯曲成圈	口吹水面,鱼苗顺水游泳,倒掉水后挣扎力弱,头尾仅能扭动
鱼种	看出塘规格	同种鱼出塘规格整齐	同种鱼个体大小不一
	看体色	体色鲜艳,有光泽	体色暗淡无光,变黑或变白
	看鱼活动情况	行动活泼、集群游动,受惊时成群迅速潜入水底,不常在水面停留,抢食能力强	行动迟缓,不集群,在水面漫游,受惊反应迟钝,抢食能力弱
	抽样检查	鱼在白瓷盆中狂跳,体色有光泽,肌肉丰满,头小、背厚,鳞片鳍条完整,无寄生虫	鱼在白瓷盆中很少跳动,身体瘦弱,头大、背窄、尾柄细,鳞片鳍条残缺,有充血现象或异物附着

第二节 鱼苗的培育

一、鱼苗培育前的准备工作

（一）鱼苗池的选择 鱼苗池的选择标准:要求有利于鱼苗的生长、饲养管理和拉网操作等。具体应具备下列条件:

第一,水源充足,注排水方便,水质清新,无任何污染。因为鱼苗在培育过程中,要根据鱼苗的生长发育需要随时注水和换水,才能保证鱼苗的生长。

第二,池形整齐,最好鱼池应向阳、长方形东西走向。这种鱼池水温易升高,浮游植物的光合作用较强,浮游植物繁殖旺盛,因此,对鱼苗生长有利。

第三,面积和水深适宜。面积为 0.067～0.2 公顷,水深 1～1.5 米为宜。面积过大,饲养管理不方便,水质肥度较难调节控制;面积过小,水温、水质变化难以控制,相对放养密度小,生产效率低。

第四,池底平坦,淤泥厚度少于 20 厘米,无杂草。淤泥过多,水质易老化,耗氧过多对鱼苗不利,拉网操作不方便。水草吸收池水营养盐类,不利于浮游植物的繁殖。

第五,堤坝牢固,不漏水,底质以壤土最好,沙土和粘土均不适宜。有裂缝漏水的鱼池,易形成水流,鱼苗顶水流集群,消耗体力,影响摄食和生长。

(二)鱼苗池的清整和消毒

1. 清整鱼池　　一般每年进行 1 次,最好是在秋天出池后或冬季进行。方法是:先把池水排干,经过日晒,杀死病虫害,并使土壤疏松,同时整修加固损坏的池埂,堵塞漏洞裂缝,平整塘底,铲除杂草,挖出过厚的淤泥,加速有机质分解,提高池塘肥力。鱼苗放养前 1 个月要进行第二次排水。日晒后进一步修整,给鱼苗生长创造一个良好的环境条件。

2. 药物清塘　　利用药物杀死野杂鱼、敌害生物、鱼体寄生虫、病原菌,是改良水质提高鱼苗成活率的重要措施。清塘一般在鱼苗放养前 10～12 天进行。若时间过早,鱼苗放养时往往又会重新出现一些有害生物;时间过晚,药物毒性还没消失,易毒死鱼苗,或是池水尚未变肥,浮游生物欠缺,影响鱼苗生长。在北方鱼苗池的清整和消毒一般在5月10日前必须结束。清塘常用的药物和方法有以下几种：

（1）生石灰清塘：生石灰清塘是最有效、最经济实用的方法。作用原理是：生石灰遇水后发生化学反应，放出大量热能，产生氢氧化钙，在短时间内使池水的pH值迅速提高到11以上，能杀死野杂鱼和鱼类敌害生物及病原体。生石灰清塘可分为干塘清塘和带水清塘两种方法，一般采用干塘清塘法，在水源不便或无法排干池水的情况下才带水清塘。

干塘清塘：先把池水排低至5～10厘米，在池底四周挖若干小坑，将生石灰倒入小坑内，加水化开后，不待其冷却即向全池边缘和池中心均匀泼洒，用量一般为75～150千克/0.067公顷（1亩，下同）。为了提高清塘效果，次日可用铁耙将池塘底泥耙动一下，使生石灰与淤泥充分混合。干塘清塘时不要把水完全排干，否则泥鳅钻入泥中杀不死。另外石灰浆与空气接触时间过长，产生碳酸钙沉淀，起不到清塘效果。因此即使是经一冬天暴晒完全干涸的池塘，用石灰浆全池均匀泼洒后，也要马上向池中注入5厘米深的水，让生石灰充分发生化学反应。

带水清塘：是在水深1米左右，将溶化好的石灰浆趁热向池中均匀泼洒。用量一般为150～250千克/0.067公顷。

注意事项：①清塘所用生石灰必须是块状，存放时间不可过长，否则生石灰吸收空气中的水分和二氧化碳而逐渐变成粉粒状的碳酸钙而失效。②影响生石灰清塘效果的主要因素是水的硬度、pH值、生石灰的质量、操作技术、池水多少、池底淤泥量等。生产中要根据这些因素的变化灵活增减生石灰用量。水的硬度高，pH值低，淤泥厚的池塘，应适当增加生石灰用量。③修建在盐碱地或池水碱性大的池塘以及急需放鱼的池塘,不要用生石灰清塘而应改用漂白粉清塘。④清塘要选择晴朗无风的天气进行,遇有小风时,要在上风头顺风撒药,操作时要戴口罩和手套,以免人体受伤。⑤撒生石灰 3～4 天后,再将底泥翻动 1 次,使没反应的生石灰充分发生化学反应,以免放鱼后起毒害作用。然后可向池塘注水。用生石灰清塘注水后 8～10 天,才能向池内放鱼。

用生石灰清塘的好处:生石灰遇水后可使 pH 值上升到 11 以上,杀死一切生物,消毒彻底;生石灰能使底泥的结构变得疏松,增加透气性,加快淤泥中有机质的分解。由于改变了淤泥的胶状结构,被底泥吸附的氮、磷、钾等营养元素,可以释放出一部分,提高池水的肥度;钙本身是植物及动物不可缺少的营养元素,施用生石灰能起到施肥的作用。实践证明,用生石灰清塘,等于给池塘施了 1 次肥,相当于每 0.067 公顷施 25～50 千克厩肥的肥效;生石灰还可以中和泥中的有机酸,缓冲水中二氧化碳的含量,使池水保持稳定的酸碱度,呈中性或微碱性,改善了水质,有利于鱼类生长;还能促进轮虫冬卵的萌发,有利于浮游动物繁殖;混浊的池水,施用生石灰后可以降低池水的混浊度,有利于浮游植物的繁殖。

(2)漂白粉清塘:漂白粉清塘的效果与生石灰相似,药性消失快,对急于使用的鱼池更为适宜。漂白粉遇水产生次氯酸和新生态的氧,能杀死敌害生物和细菌,但没有生石灰改良水质和施肥的作用。

漂白粉用量:带水清塘每 0.067 公顷水深 1 米用 15 千克,等于每立方米用 20 克(即使池水达 20ppm 浓度),也可以干池清塘,每 0.067 公顷用量为 5 千克。

使用方法:将池水排低至 5～10 厘米,将漂白粉在瓷盆内用清水溶解后,立即遍池泼洒,两天后可向池中注水,池塘注水 1 周后方可放鱼。

注意事项：漂白粉极易吸潮分解，放出的新生态氧对金属有损坏作用，因此贮藏漂白粉时应密封在陶瓷容器内，不可用金属容器，放在阴凉干燥处，防止失效。操作人员应戴口罩，并要在上风头泼洒药剂，以防中毒和腐蚀衣服。放鱼前最好用试水鱼进行试验后再大量放鱼。

(3)清塘净清塘：清塘净是近几年由鱼药厂家生产的清塘用鱼药，它的优点是用量少，劳动强度小，易于操作，对野杂鱼、各类病原菌、寄生虫有极强的杀灭作用。但药性消失缓慢，放鱼时需先放试水鱼。

(三)适时注水和施肥　清塘后，在注水的同时施有机肥培养鱼苗的适口天然饵料，使鱼苗下塘后可以吃到充足的食物，这种方法称"肥水下塘"。如果鱼苗池不施肥培肥水质，鱼苗下塘后立即投喂豆浆，这时池水较清，天然饵料生物较少称为"清水下塘"。

肥水下塘时，一般在塘塘药物消毒后，在鱼苗下塘前 1 周左右注水，以便培肥水质；清水下塘时，只要在鱼苗下塘前 1～2 天注入新水即可。为防止野杂鱼和敌害生物混入池塘，要在注水口处设置密眼网或筛绢等进行严密过滤。根据先浅后深的原则，开始注水时水量要少，注水深度一般为 50～60 厘米，这样有利于池水温度的提高。

施基肥的种类和数量要因地制宜，每 0.067 公顷施粪肥（人粪尿、马粪、牛粪）200～500 千克。为了快速肥水，也可以兼施无机肥，一般每 0.067 公顷施尿素（或硫酸铵、氯化铵、硝酸铵）3～5 千克，过磷酸钙 3～4 千克。

肥水下塘的生物学原理是利用池塘浮游生物发展的特点和鱼苗个体发育中食性转化规律的一致性，鱼苗池注水施肥后,各种浮游生物繁殖高峰期的出现顺序为:浮游植物、原生动物、轮虫、小型枝角类、大型枝角类、桡足类。而鱼苗下塘到全长15～20毫米时的适口食物先是轮虫和无节幼体,继之为小型枝角类、大型枝角类、桡足类。这同池塘浮游动物繁殖的顺序是一致的。池塘适时施肥就是要较好地利用这二者的一致性,使鱼苗下塘时正好出现轮虫繁殖高峰。这样不但刚下塘的鱼苗有充足适口的饵料,而且以后各个发育阶段也都有丰富的适口食物。如果施肥过早,鱼苗下塘时轮虫高峰期已过,大型枝角类大量繁殖,它们不但不能作为初下池鱼苗的饵料,而且间接与鱼苗争饵,使鱼苗生长受到抑制。施肥过晚,鱼苗下塘时轮虫高峰期尚未出现,鱼苗的适口饵料少,生长也不好。所以适时施基肥和鱼苗适时下塘是养好鱼苗的重要措施。

施肥时间:施基肥要在鱼苗下塘前的5～7天,施无机肥要在鱼苗下塘前的3～4天进行。轮虫繁殖的高峰期通常持续3～5天。鱼苗下塘时轮虫的数量应达到每升水含5 000～10 000个,生物量达20毫克/升以上。可用肉眼观察法计算轮虫的数量,即用玻璃烧杯取池水对着阳光概略计算每毫升水中小白点(即轮虫)的数量,如果每毫升水中含有10个以上的小白点,就是每升水中含有10 000个轮虫。

(四)放苗前检查池水水质　放苗前1～3天要对池水水质做一下检查。其目的是:

1.测试池塘药物毒性是否消失　方法是从清塘池中取一盆底层水放几尾鱼苗,经0.5～1天鱼苗生活正常,证明毒性消失,可以放苗。

2.检查池中有无有害生物　方法是用鱼苗网在塘内拖几次,俗称"拉空网"。如发现大量丝状绿藻,应用硫酸铜杀灭,并适当施肥,如有其他有害生物也要清除。

3. 检查池水的肥度　观察池水水色，一般以黄绿色、淡黄色、灰白色(主要是轮虫)为好。池塘肥度以中等为好，透明度20～30厘米，浮游植物生物量20～50毫克/升。如池水中有大量大型枝角类出现，可用 0.5 ppm 敌百虫，全池泼洒，并适当施肥。

二、鱼苗放养

（一）**放养密度**　鱼苗的放养密度对鱼苗的生长速度和成活率有很大影响。密度过大鱼苗生长缓慢或成活率较低，发塘时间过长，影响下一步鱼种饲养的时间。密度过小，虽然鱼苗生长较快，成活率较高，但浪费池塘水面，肥料和饵料的利用率也低，使成本增高。

放养密度对鱼苗生长和成活率的影响实质上是饵料、活动空间和水质对鱼苗的影响。鱼苗密度过大，饵料往往不足，活动空间小(特别是培育后期鱼体长大时)，水质条件较差、溶氧量低，因此鱼苗的生长就较慢、体质较弱，致使成活率降低。

在确定放养密度时，应根据鱼苗、水源、肥料和饵料来源、鱼池条件、放养时间的早晚和饲养管理水平等情况灵活掌握。目前，鱼苗培育大都采用单养的形式，由鱼苗直接养成夏花，每 0.067 公顷放养 10 万～15 万尾；由鱼苗养成乌子，每 0.067 公顷放养 15 万～20 万尾；由乌子养到夏花时，一般放养密度为每 0.067 公顷 3 万～5 万尾。

在北方由于无霜期短，为了延长苗种生长期，培育大规格鱼种，各地普遍利用塑料温室大棚进行早繁或南苗北运的方式，比传统育苗提早 15～20 天，从而延长了苗种生长期。

（二）**放养鱼苗应注意的事项**

1. 鱼苗要适时下塘　鱼苗孵出后 4～5 天，鳔已充气，能正常水平游泳和摄食外界食物时,应立即下塘。下塘过早,鱼苗活动能力弱,摄食与逃避敌害能力弱,会沉入池底而死亡。下塘过晚,卵黄囊已吸收完,身体会因缺乏营养而消瘦,影响体质和成活率。

2.放养同种同批鱼苗 每个池塘应放养同种同批鱼苗,否则因鱼体大小和体质强弱不同,游动和摄食能力也不同,会造成出塘规格不整齐,出塘成活率低的后果。放养同种同批鱼苗还可避免夏花鱼苗挑选分类工作的麻烦,为下阶段鱼种培育带来方便。

3.放养池水温与装运鱼苗水温要基本一致 外来鱼苗下塘时,装运苗容器水温与池塘水温的温差值不得超过3℃。温差过大时应逐步调节装运苗容器内水的温度,使其接近鱼池的水温。用塑料袋充氧运输的鱼苗,下塘时要经过缓苗处理后再下塘。即将装有鱼苗的尼龙袋整个放在池塘中漂浮一段时间,待温度基本一致后,可在上风头,解开尼龙袋放苗于网箱中,1~2小时左右再放入池内。从南方运到北方的早繁鱼苗,下塘时池水水温不得低于15℃,否则容易引起鱼苗死亡。

4.鱼苗饱食下塘 鱼苗下塘前,应在鱼苗网箱中泼洒蛋黄水,待鱼苗饱食后才能下塘,以增强鱼苗下塘后的觅食能力,提高成活率。制蛋黄水的方法:将鸡蛋或鸭蛋放在沸水中煮半小时,越老越好,取蛋黄,用两层纱布包裹后放在盆中漂洗出蛋黄水,一般一个蛋黄可供10万尾鱼苗食用。

5.在上风头放苗 不得在下风处放苗,避免被风吹到池边致死。要贴着水面放鱼苗,操作既要轻又要快,切忌倒苗。鱼苗入池后要轻轻拨动水。

三、饲养方法

（一）豆浆培育法 把黄豆或豆饼磨成浆喂鱼苗称豆浆培育法。一部分豆浆是直接被鱼苗摄食，而大部分起肥水作用，繁殖浮游生物，间接作为鱼苗的饵料。

1. **投喂方法** 先将黄豆用水浸泡 5～8 小时，水温低浸泡时间长，水温高浸泡时间短，黄豆浸泡至两瓣间隙胀满，轻捏散瓣为度，这样出浆率最高。一般每千克黄豆浸泡后可磨成豆浆 15～20 千克，磨浆时要边加黄豆边加水，不能磨好后再加水稀释，否则会产生沉淀。更为科学的方法是将豆浆与 1/10 量的牛奶一起放在锅里烧开后，再全池泼洒。经过高温煮熟的豆浆，胰蛋白酶抑制因子等被破坏。实验证明，泼煮过的豆浆比泼洒传统的生豆浆，鱼苗的生长速度和成活率都大大提高。鱼苗下塘 5 天内，摄食能力不强，为延长豆浆颗粒在水中的停留时间，提高豆浆利用率，泼浆应是量少次多。每天要坚持"三边二满塘"的投饲方法。即上午 8～9 时和下午 2～3 时满塘泼洒，中午只沿塘边泼洒，每次每 0.067 公顷泼洒 1 千克黄豆磨成的豆浆，泼洒得"细如雾，匀如雨"，这几天的吃食好坏，是决定出塘成活率的关键。鱼苗下塘 5～10 天之间，每天泼洒豆浆两次，上午 9 时，下午 2 时，每次每 0.067 公顷泼洒 2.5 千克黄豆磨成的浆。鱼苗下塘 10～15 天能长到 15 毫米左右，开始在池边游动，这时除泼洒豆浆外，应增投豆饼糊，数量为每天每 0.067 公顷投喂 2.5 千克干豆饼磨成的糊（草鱼可增喂芜萍），将豆饼糊均匀地分散多处，堆放在离水面 20 厘米的浅滩处，供鱼苗食用，这样还可以防止鱼苗因饵料不足而发生的"跑马"病。鱼苗下塘 15～20 天，豆饼糊的量相应增加，每天每 0.067 公顷投喂 4 千克干豆饼磨成的糊。

2.投饲料预算　前期每天每 0.067 公顷用 3～4 千克黄豆磨成的浆,5 天以后增加为 5～6 千克黄豆磨成的浆,10 天以后增投用 2.5～4 千克豆饼磨成的糊。要根据水质和天气情况灵活掌握投喂量。一般发塘期间每 0.067 公顷共需黄豆100 千克,豆饼 30 千克(养成 1 万尾夏花共需黄豆 7～8 千克)。

(二)有机肥料和豆浆混合培育法

1.肥水下塘　鱼苗下塘前 5～7 天,每 0.067 公顷施基肥200～400 千克,也可辅施 10 千克化肥,培养轮虫、枝角类等天然饵料。

2.适时投喂人工饲料　每 0.067 公顷每天投喂 2～3 千克黄豆磨成的浆,入池 10 天后天然饵料不足,增加到 5～6 千克黄豆磨成的浆。

3.适时追肥　一般每 3～5 天每 0.067 公顷施有机肥100～200 千克,以增殖天然饵料。

四、日常管理

(一)分期注水　鱼苗饲养过程中分期注水是加速鱼苗生长和提高鱼苗成活率的有效措施。分期注水的方法是:在鱼苗入池时,池塘水深 50～70 厘米,然后每隔 3～5 天加水 1 次,每次注 10～15 厘米深。注水时需用密网过滤,防止野杂鱼和害虫进入鱼池,同时避免水流直接冲入池底把水搅浑,注水时间和数量要根据池水肥度和天气情况灵活掌握。

(二)巡塘　每日早晨和下午各巡塘 1 次,早晨巡塘要特别注意观察鱼苗有无浮头现象,如有浮头应立即注入新水或采取其他措施。要在早晨日出前捞出蛙卵,否则日出后,蛙卵下沉水中不易发现。观察鱼苗活动、生长和摄食情况,以便及时调整投饵施肥数量,随时消灭有害昆虫、害鸟、池边杂草等。及时发现和治疗鱼病,做好各种记录,以便不断总结经验。

(三)**控制好水色、水质**　池水呈绿色、黄绿色、褐色为好。透明度以 25～30 厘米为宜。饲养后期容易出现微囊藻等蓝藻繁生,鱼吃了不消化而影响摄食人工饲料,同时这些藻体会产生毒素,对鱼苗和浮游动物有害,可在早晨藻体上浮聚集在池塘下风处时用生石灰泼洒在上面,将其杀死。一般连续泼洒2～3 天,即可将微囊藻杀灭。

五、拉网锻炼与分池

(一)**拉网锻炼**　鱼苗下塘 20 多天后,一般已达 3 厘米左右,应及时分池转入下阶段鱼种养殖。出塘前要拉网锻炼,锻炼的目的是增强鱼的体质,提高分塘和运输成活率。因为拉网使鱼受惊,增加运动量,使肌肉结实,并增强各个器官功能。同时,幼鱼密集在一起,相互受到挤压刺激促使分泌大量粘液和排出粪便,增加耐缺氧的能力,在运输过程中可避免大量粘液和粪便污染水质,这对提高夏花运输成活率是十分有利的。另外,拉网锻炼还可以发现并淘汰病弱苗,去除野杂鱼,估计鱼数,便于下一步工作的安排。

拉网锻炼应选择晴天的上午 10 时左右进行,天气阴雨、闷热和下午均不好。拉网前应停食,拉网速度要慢些,与鱼的游泳速度相一致,并且在网后用手向网前撩水,促使鱼向网前进方向游动,否则鱼体容易贴到网上,特别是第一次拉网,鱼体质差,更容易贴网。第一次拉网将夏花围集网中,提起网衣,使鱼在半离水状态密集 10～20 秒后放回原池。如夏花活动正常,隔天拉第二网,将鱼群围集后,移入网箱中,使鱼在网箱内密集,经两小时左右放回池中。在密集的时间内,须使网箱在水中移动,并向箱内撩水,以免鱼浮头。若要长途运输,应进行第三次拉网锻炼。

拉网锻炼应注意的事项:一是拉网前要清除池中水草和青苔,以免妨碍拉网或损伤鱼体。二是鱼浮头当天或得病期间,或天气闷热、水质不良以及当天喂过的鱼都不应拉网。三是拉网要缓慢,操作要小心,不能急于求成,如发现鱼浮头、贴网严重或其他异常情况,应立即停止操作,把鱼放回鱼池。四是污泥多且水浅的池塘,拉网前要加注新水。

(二)分池 鱼苗拉网锻炼后就要分池,出池时要计数。计数后,根据生产需要,把它们分放到鱼种培育池中,进行下一阶段的饲养。

夏花或乌子计数方法:用小抄网捞取夏花(或乌子),放入水杯中,计量鱼的杯数,在其中任选数个(一般选 3 杯即可)过数,求出每杯的平均尾数,然后计算出总尾数和发塘成活率,即:

总尾数 = 杯数 × 每杯尾数

成活率(%) = 夏花(或乌子)出塘数 / 下塘鱼苗数 × 100%

(三)夏花鱼种质量的鉴别区分 优质夏花:规格大且整齐,头小背厚,体色光亮,无寄生虫,鳞片、鳍条完整,行动活泼,集群游泳,受惊时迅速潜入水底,喜欢在容器水底活动,并逆水游泳,不拖带污泥。劣质夏花:规格小且不整齐,头大背狭,体色暗淡,尾柄细,鳍条、鳞片残缺,行动缓慢,分散游动,受惊吓时反应迟钝,在容器中逆水不前,鱼体拖带污物,在拉网时贴网。

第三节　鱼种的驯化养殖

鱼种培育是将夏花经 3～5 个月的精心饲养,养成较大规格和体质健壮的鱼种的过程。鱼种的驯化养殖就是采用驯化养鱼的方法对鱼种进行培育的过程。

一、驯化养鱼的基本概念

驯化养鱼是依据生物具有条件反射的原理,在每次喂鱼时,一边投饵一边给鱼类一定的声响信号,使鱼类建立声响信号与投饵的条件反射。经过 1 周左右的驯化,每次投饵前只要给予一定的声响信号,鱼便自动到投饵点摄食,这种饲养鱼类的方法,称之为驯化养鱼。

二、驯化养殖鱼类的选择

除滤食性的鲢、鳙鱼以外,大多数的经济鱼类,如鲤、鲫、团头鲂、草鱼、大口鲇、革胡子鲇、罗非鱼、鲟鱼、乌鳢等均可实施驯化养殖。目前北方驯养最普遍的还是鲤鱼、鲫鱼、团头鲂及草鱼。

三、以鲤鱼种为主的驯化养鱼方法

(一)池塘及生产条件

1. 池塘　池塘规整、堤坝坚固、保水力强,淤泥厚度不超过 20 厘米,面积以 0.33～1 公顷为宜。

2. 水源　水源充足,注排方便,无污染。pH 值在 7.5～8.5 之间为宜。

3. 水深　池塘注水深度达 1.2～2 米。

4. 电源　备动力电,常停电的地方备柴油发电机或有其他可靠的补救措施。

5. 增氧机　产量超过 500 千克/0.067 公顷时要配备增氧机,每 0.5 公顷左右池塘配 3 千瓦的增氧机 1 台。

（二）放养前的准备工作

1. 池塘消毒　在夏花放养前 10～15 天必须清塘,清塘药物及方法与鱼苗池清塘相同。

2. 注水　清塘后注水 70～100 厘米。浅水放鱼,再不断提高水位。为确保池水清新,一般不要施肥。

（三）夏花鱼种的放养

1. 放养时间　鲤鱼夏花在 5 月末至 6 月中旬放完,鲢、鳙鱼夏花在鲤鱼夏花放养后 7～10 天放完为宜。

2. 放养规格　鲤鱼夏花规格一般以 3.3～3.5 厘米为宜。为了控制水质及充分利用水体空间,一般配养少量的鲢、鳙鱼夏花,鲢、鳙鱼夏花规格在 2.5～3.3 厘米为宜。放养的夏花要求规格整齐,体质健壮。

3. 混养比例　以鲤鱼为主放养时,鲤鱼夏花占 75%～80%,鲢鱼占 15%～20%,鳙鱼占 5%～10%,鲫鱼占 5%～10% 左右。总放养密度为 4 000～8 000 尾/0.067 公顷,出池规格在 100 克左右。

4. 放养模式　以鲤鱼为主的每 0.067 公顷产鱼种 350千克,500 千克,750 千克的夏花放养与鱼种产量计划如表 1-3,表 1-4,表 1-5。

表 1-3 以鲤鱼为主的每 0.067 公顷产 350 千克鱼种 的放养模式

品种	放夏花尾数	品种比例（%）	成活率（%）	出塘尾数	出塘规格（克）	出塘产量（千克）
鲤 鱼	3000	75	80	2400	125.0	300.0
鲫 鱼	200	5	80	160	50.0	8.0
鲢 鱼	600	15	80	480	75.0	36.0
鳙 鱼	200	5	80	160	80.0	12.8
合 计	4000	100		3200		356.8

表 1-4 以鲤鱼为主的每 0.067 公顷产 500 千克鱼种 的放养模式

品种	放夏花尾数	品种比例（%）	成活率（%）	出塘尾数	出塘规格（克）	出塘产量（千克）
鲤 鱼	4200	75	80	3360	125.0	420.0
鲫 鱼	280	5	80	224	50.0	11.2
鲢 鱼	840	15	80	672	75.0	50.4
鳙 鱼	280	5	80	224	80.0	17.9
合 计	5600	100		4480		499.5

表 1-5 以鲤鱼为主的每 0.067 公顷产 750 千克鱼种 的放养模式

品种	放夏花尾数	品种比例（%）	成活率（%）	出塘尾数	出塘规格（克）	出塘产量（千克）
鲤 鱼	6300	75	80	5040	125.0	630.0
鲫 鱼	420	5	80	336	50.0	16.8
鲢 鱼	1260	15	80	1008	75.0	75.6
鳙 鱼	420	5	80	336	80.0	26.9
合 计	8400	100		6720		749.3

（四）投饲技术

1. 投饵量　鱼类的投饵量，一般以占鱼体重的百分率来表示，称为投饵率。具体年投饵量根据预期达到的吃食鱼的单位面积净产量和饵料系数来计算。单位面积投饵量可用下列公式计算：

单位面积投饵量＝计划吃食鱼单位面积净产量×饵料系数

计算出年投饵量以后，再按月份分配比例，确定每月的投饵计划。一般主养鲤鱼的池塘饲料月分配比例为：6月份占8%，7月份占38%～39%，8月份占38%～39%，9月份占10%，10月上旬占5%。

日投饲料量控制在鱼吃食量的80%左右，即每次投喂时以鱼吃到八成饱为宜。

2. 饵料台的设置 每池设一个桥式投饵台，位于鱼池向阳岸边中部，一般伸入池中3米左右，养鱼员在跳板上投喂。

3. 驯化方法 驯化一般在夏花长到5～6厘米时进行。首先在跳板上发出有节奏的响声（如敲水桶）。然后边发信号边在饵料台周围大面积少量撒饵料，逐渐缩小范围，每天驯化3～4次，每次40～60分钟，这样坚持3天就能初步形成定时定位应声抢食的条件反射。6～7天后，当敲桶并投喂时，鱼种即集群到投喂点抢食，此时表明驯化已经成功。

4. 驯化后的正常投喂 采用"慢、快、慢"的方法，即刚投喂时速度慢一些，面积小一些；集群时，投喂快一些，投喂面积大一些，投料多一些。当大部分鱼慢慢地散游离开投喂点，表明已吃到八成饱，此时即可停止。一般每次投喂30分钟左右。

5. 投喂要点 四定投饵，即定时、定位、定质、定量。投喂次数：6月份至7月上旬日投喂3～4次，7月中旬至8月上旬日投喂5次，8月下旬日投喂4次，9月份日投喂3～2次，10月上旬每日中午投喂1次。

6. 颗粒饲料的规格 颗粒饲料的规格应根据鱼体大小，以适口为度，制定不同粒径的颗粒饲料（表1-6）。

表 1-6　鲤鱼配合饲料养鱼规格和相应的粒径

个体尾重(克)	个体尾长(厘米)	饲料直径(毫米)	饲料形状
0.5～1.0	2.5～3.0	0.8	微　粒
3.0～8.0	4.5～7.0	2.0	
8.0～15.0	7.0～10.0	2.5	颗　粒
15.0～700	10.0～16.0	3.0	
70.0～300.0	16.0～25.0	4.0	

(五)饲养管理

1. 水质调节　夏花放养后,随着水温的升高和鱼体的生长,要经常加注新水,坚持少注勤注的原则,每 7～10 天注水1 次,每次注水 5～20 厘米,水的透明度保持在 25～35 厘米之间为宜。

2. 增氧　根据池塘溶氧量情况,来确定增氧机的开关,确保池水溶氧在 5 毫克/升以上。

3. 抽样检查　每 10 天左右在喂料时用捞子捞取鱼苗,检查鱼的生长状况、有无病鱼,并随机取样 10～20 尾,测定鱼的生长情况。尔后根据鱼的生长情况和水温、水质等变化,调整投饵量。不宜拉网检查,以免影响驯化摄食。

4. 巡塘　每天早、午、晚各巡塘 1 次,观察鱼的活动情况,发现问题及时解决。

5. 鱼病防治　在鱼病易发季节,每 15～20 天用生石灰、漂白粉、鱼康、亚氯酸钠等杀菌药物或杀毙王、强效灭虫精等杀虫药物,选用其中一种全池泼洒 1 次,可预防细菌或寄生虫引起的鱼病。

四、以鲫鱼种为主的驯化养鱼方法

鲫鱼肉质细嫩、营养丰富、味道鲜美,生长快,易饲养,是人工养殖的优质鱼类。现在国内养殖的品种很多,如方正银鲫、松浦鲫、彭泽鲫、异育银鲫、淇河鲫等,它们都可在池塘中作为主养鱼进行驯化养殖。

(一)池塘条件　池塘规整,堤坝坚固,面积 0.2～0.33 公顷,因鲫鱼抢食能力弱,较难驯化,所以面积不宜过大。池塘注水深度 1.5～2 米,底泥厚度不超过 15 厘米。水源充足,注排方便,水质清新无污染。配备增氧设备。

(二)放养前的准备工作　苗种放养前 10～15 天,按常规方法对池塘进行清整、消毒、注水。具体操作步骤参照驯化养殖鲤鱼种的方法。

(三)夏花鱼种的放养　以鲫鱼为主养鱼,计划产量 250～300 千克时,每 0.067 公顷放夏花 6 000～8 000 尾,其中鲫鱼占 80%～85%,搭配鲢、鳙夏花的比例为 15%～20%,当年秋季出池时,鲫鱼可长到 50 克左右。

(四)投饲技术

1. 驯化　夏花入池后 2～3 天,就可驯化。具体操作方法和饲养鲤鱼种相同,但鲫鱼摄食强度较弱,害怕惊扰,所以驯养时一般要 7～10 天才能成功。之后就可以进入正常投喂阶段。

2. 投喂饲料　要坚持"四定"的原则,即定时、定位、定质、定量。每天投喂 4～6 次,每次投喂 30～60 分钟。日投饵量根据鱼种生长情况、天气、水温及鱼吃食情况随时调整,一般日投饵量为鱼体重的 4%～6%。颗粒饲料的规格和鱼体体长、体重的关系可参照表 1-7。

表 1-7　鲫鱼规格和相应的配合饲料粒径

个体尾重（克）	个体尾长（厘米）	饲料直径（毫米）
1～3	4.5～5.8	0.5～1.0
3～7	5.8～7.4	0.8～1.5
7～12	7.4～9.4	1.5～2.0
12～50	9.4～15.0	2.0～2.5
50～100	15.0～18.0	2.5

（五）饲养管理

1. 水质调节及增氧　夏花放养后随着水温的升高和鱼体的生长，要经常加注新水，每 10～15 天注水 1 次，每次注水 10～20 厘米，至 7 月份池水达到最高水位。高温季节，根据池中溶氧情况来确定增氧机的开关，要保持水中溶解氧在 3 毫克/升以上。养殖期间池水透明度保持在 25～35 厘米。

2. 巡塘及检查　每天早、午、晚各巡塘 1 次，观察鱼的活动及摄食情况，发现问题及时解决。每 10 天左右在喂料时用捞子随机取样 20～30 尾，测定体长、体重、检查鱼病情况，根据所测定的生长数据适当调整投饵量。不宜拉网取样，以免惊扰鱼摄食，影响驯化效果。

3. 鱼病防治　以防为主。夏花入池后，每隔半月向池中泼洒生石灰 1 次，用量为每立方米水体 15 克。在鱼病流行季节，投喂药饵，以防止鱼病的发生。

五、鱼种的出池与并塘

鱼种养到秋末水温降到 10℃左右时，鱼吃食很少，这时就要拉网出塘再按种类、规格分别集中蓄养在池水较深的越冬池准备越冬,出塘前5～6天应停食。鱼种放入越冬池以后,如水温较高,应继续投喂一段时间。

六、秋片鱼种质量的鉴别

(一)看出塘规格是否均匀　同种鱼种,凡是出塘规格均匀的体质均较健壮。而个体差距大的往往成活率低,其中那些个体小的鱼种,体质消瘦,俗称"瘪子"。

(二)看鱼体色　通过鱼种的体色,反映体质优劣。体色较深,或呈乌黑色的鱼种则是瘦鱼或病鱼。

(三)看体表有无光泽　健壮的鱼种体表有一层粘液,用以保护鳞片和皮肤,不受病菌侵入,故体表呈现一定光泽。而病弱受伤鱼种缺乏粘液,体表无光泽。某些鱼体表粘液过多也失去光泽。

(四)看鱼的游动情况　健壮的鱼种游动活泼,逆水性强,在网箱或其他容器中密集时,鱼种头向下,只能看到尾在不断扇动,否则为劣质鱼种。

七、鱼苗、鱼种的检疫及运输

随着养鱼事业的迅猛发展,养鱼水面不断增加,鱼苗、鱼种的需求量也逐年递增。尤其是苗种不能自给的场户,每年都必须外购一些苗种。在北方,由于气候寒冷,当地产鱼苗要比南方晚1～2个月。为了提早进入生产,每年的春天也需从南方空运鱼苗,以补充当地苗种的不足。运输过程中成活率的高低,将直接关系到下一步养鱼生产和养鱼的经济效益。

(一)苗种的检疫　苗种从一个地区水域运到另一个地区水域的同时,不可避免地也会把原水域的鱼病带进来。有些鱼病单凭肉眼是看不出来的,尤其是鱼苗阶段必须通过显微镜检查后才能确定。

在购苗之前,首先要对所购苗种体表进行感观鉴别,再对鱼体各部,尤其是鳃部进行镜检,发现鱼病坚决不能要。鱼苗运进后,由于鱼苗体质比较弱,一般可不进行消毒,但镜检后,一旦发现鱼病,必须对鱼苗消毒。对外购鱼种入塘前必须进行鱼体消毒后再入塘。

(二)影响运输成活率的主要因素

1. 溶氧 水中溶氧是影响苗种运输密度和成活率的主要因素。在运输过程中鱼类不断消耗水中的溶氧,当水中溶氧降低到一定程度,苗种就开始死亡。一般来说,采用尼龙袋装运苗种,由于袋中充有大量的氧气,不会发生缺氧问题,而在开放式运输中,就要充分注意氧气的补充工作,以防苗种因缺氧造成损失。

2. 水温 水温对苗种运输密度和成活率的影响主要表现在随着水温的升高,鱼类的代谢强度加大,造成水质恶化,从而引起苗种死亡。当运输苗种的水温超过 25℃时,要采取降低密度或加冰块等降温措施来提高成活率。低水温对苗种的运输是有利的,但不是越低越好,水温过低易造成鱼体冻伤。运输鲤科鱼类时,鱼苗生产季节运输苗种的水温最好不超过 20℃,以 5～10℃ 为好。值得注意的是,如果运输途中需要换水,容器中的水温一般不应发生 3℃ 以上的剧烈变化,否则鱼类不能很快适应,严重时可引起苗种死亡。

3. 水质 运输用水要求水质清新,不受污染,溶氧充足,有机物少。一般的江湖、水库、井水、自来水都可作为运输用水,现在普遍采用井水,用自来水需经过去氯后才能使用。具体方法:①把自来水放入大容器内贮存 2～3 天,使氯自然逸出,或向水中充气,或开微型增氧机,24 小时后即可使用。

②若需立即使用，可向水中加硫代硫酸钠，每吨水加 5～10 克，使自来水中含氯量降低到 0.1 毫克/升的安全浓度。

苗种运输装运密度较大，运输途中，由于鱼体排泄物以及死鱼沉积于容器底部或悬浮在水中腐败变质，消耗氧气，使水质逐渐恶化，特别在密封充氧运输过程中，二氧化碳和氨氮的不断积累，会对鱼产生毒害作用。如果一昼夜不能到达目的地，需要重新换水充气。为了防止水质腐败变质，在运苗水中加青霉素和食盐，可抑制细菌活动，延长运输时间。运输鱼苗用 2 000 单位/升浓度的青霉素，运鱼种每升用 4 000 单位左右，效果良好。

4. 鱼的体质　鱼体健康无病，对不良环境的抵抗能力也强，运输成活率也会较高。因此，对准备运输的鱼，必须做好饲养管理工作，使鱼体健康无伤病，以保证较高的运输成活率。

鱼苗必须在孵出后 3～5 天，能水平游动，腰点出现后开始运输。夏花和鱼种一般需经 2～3 次拉网锻炼，长途运输还要在清水中"吊养"一晚方可装运。

5. 装运密度　装运密度关系到运输过程中的水质好坏，同时又关系到运输的成本。应根据鱼的种类、规格、体质、水温、运输时间、运输工具等情况来确定合理的装运密度。

(三)运输方法　运输方法可以归纳为两大类型，即封闭式运输和开放式运输。

1. 运输前的准备工作

(1)制定运输计划：运输前必须制定周密的运输计划，根据鱼的种类、规格、数量和运输的距离等，确定运输的方法，安排好车辆，并与有关交通部门签好合同，以免影响及时转运造成损失。

(2)准备好运输器具：一切运输容器和工具设备必须事

先准备好,并经过检查和试用,发现有损坏或不足,应及时修补、添置,同时应准备一定数量的备用器具。

(3)做好沿途用水准备:在运输前对运输路线的水源、水质情况必须调查了解,根据水质情况安排好换水和补水的地点,做到水等鱼,保证能及时补换新水,提高运输成活率。

(4)人员配备:预先做好人员组织安排,包括起运点、转运点、换补水处和目的地的人员,均需分工负责,互相配合,做好装卸、起运、衔接等工作,做到"人等鱼到,塘等鱼放",保证运输的顺利进行。

(5)做好鱼体锻炼:需长途运输夏花、鱼种和亲鱼时,应进行拉网锻炼,以增强鱼的体质

2. 塑料袋密封充氧运输　　塑料袋密封充氧运输,是普遍采用的一种方法。

塑料袋是用白色透明无毒的聚乙烯薄膜制成。常用规格长 70 厘米,宽 40 厘米,一般由两层套在一起使用。操作时先要检查袋的质量,有无漏气。先向袋内装预先准备好的清水,装水量为该袋容积的 $1/3 \sim 2/5$,然后通过大型漏斗,将苗种倒入袋内,再把袋内的空气挤出,立即用氧气瓶通过橡皮管向袋内充氧,待塑料袋充足氧后,就用橡皮筋扎紧,平放入纸箱内,即可打包待运。注意:充氧时不可太多,一般以袋表面饱满为度,尤其是空运,如充氧太足,在空中会造成塑料袋内氧气膨胀而使塑料袋破裂,空运时充氧量只能为陆运时的 80%。

塑料袋装运鱼苗、鱼种的密度,与运输时间、温度、鱼的种类、大小、体质及锻炼程度等密切相关。规格 70 厘米×40 厘米的塑料袋,在水温 25℃左右时装运鱼苗或夏花的密度,可参照表 1-8。

表 1-8　塑料袋装运鱼苗、夏花的密度

运输时间（小时）	装运密度		
	鱼苗（万尾/袋）	夏花（尾/袋）	鱼种 8～10 厘米（尾/袋）
10～15	15～18	2500～3000	300
15～20	10～12	1500～2000	250
20～25	7～8	1200～1500	200
25～30	5～6	800～1000	150

3. 开放式的鱼篓运输　开放式运输是将水和鱼置于敞开的容器中运输，可随时检查苗种情况，发现问题可立即增氧、补水或喂食。可长时间运输，运输容器也可反复使用。但由于是敞口，运输途中水易外溢，鱼体也易受伤。鱼篓装运多用于汽车、火车运输鱼种。

运输用的鱼篓多是用帆布做成的，用时挂在铁架或木架上，便于拆卸和托运。载重 4 吨的汽车，可装 1 立方米的帆布篓 4～6 只，运输时装水量只能占容器的 3/4，运输中可击水增氧或采用送气、淋水等方法增氧。如途中鱼浮头严重或水质变坏，应停车换水或采用双氧水（H_2O_2）增氧的方法，每立方米水加双氧水 50 毫升，先将双氧水加水稀释，然后缓缓均匀倒入鱼篓内。双氧水不仅可增加氧气，而且还可以迅速氧化水中的污物，改善水质。

鱼篓装鱼密度要根据水温、运输距离、苗种体质情况而定。一般在水温 20～25℃时，每篓装鱼苗 30 万～35 万尾，装夏花 2 万～2.5 万尾。在水温 15℃左右时，可装 7 厘米的鱼种 0.6 万～0.8 万尾，10 厘米的鱼种 0.3 万～0.4 万尾。

鱼篓运输苗种应注意以下问题：

第一,天热水温高时要早晚起运,以避开对运输不利的高温时间。

第二,运输时为防止苗种随水振荡泼出,帆布篓上口都要加盖网罩。

第三,装鱼后要及时起运,中途不得停留吃饭、住宿。达到目的地后,应立即缓苗、调温入池,不应长时间放置。

第四,鱼苗运输时间超过1天以上时途中要喂食,一般在换水后2小时进行,喂后2~3小时吸除1次沉淀物。切忌喂食后马上换水。否则会引起鱼苗的大批死亡。

4. 帆布篓内衬塑料袋充氧运输   这种方法是吸收了塑料袋运输和鱼篓运输的各自优点组合而成的。在上述1立方米左右的帆布篓内衬体积相同的塑料袋(有时衬两层,为扎袋口,应让塑料袋高于帆布篓0.5~0.8米),内装水1/3,在水温13~20℃时,每篓可装鱼种300~400千克,装鱼后,排除袋中空气,用胶管充入氧气(使袋饱满有弹性为氧气适量),将袋口扎紧。汽车上要备氧气瓶,随时补充氧气。途中要经常检查袋中氧气以及鱼活动情况,出现问题及时解决。

近几年人们又制造了代替大塑料袋的胶囊(大皮口袋),1次可运鱼种500~1 000千克,该胶囊虽成本高,但结实、耐用,确保途中安全,并可多次使用。

第二章　成鱼的驯化养殖

第一节　以鲤鱼为主的成鱼驯化养殖模式

一、成鱼驯化养殖应具备的条件

（一）**池塘**　池塘规整，堤坝坚固，池底平坦保水力强，淤泥厚度不超过 20 厘米，面积以 0.67～1.33 公顷为宜。

（二）**水源**　水量充足，注排水方便，水质无污染，pH 值在 7.5～8.5 之间。

（三）**水深**　池塘蓄水深度 1.5～2 米。

（四）**电源**　备动力电，常停电的地方要备柴油发电机。

（五）**增氧设备**　每 0.067 公顷产量超过 500 千克以上时，要配备增氧机，平均每 0.5 公顷配备 3 千瓦增氧机 1 台。

二、放养前的准备工作

（一）**清塘**　放养鱼种前 10 天，必须按常规方法对池塘进行清整消毒。

（二）**注水**　清塘后及早注水，注入水深 70～100 厘米，浅水放鱼后再不断提高水位。

（三）**鱼体消毒**　鱼种放养前必须进行鱼体消毒，可用 3%～5% 的食盐水洗浴 5 分钟，或用 10 ppm 的高锰酸钾洗浴 3～5 分钟。

三、鱼种的放养

（一）放养时间 池塘水温达到 5℃时，即可放养春片鱼种，一般在 4 月 30 日前结束。

（二）鱼种匀称 鲤鱼种以尾重 100～150 克为宜，鲢、鳙鱼种以尾重 75～125 克为宜，要求放养的鱼种规格整齐，体质健壮，体表无伤。

（三）放养模式 每 0.067 公顷产量 350 千克、500 千克、750 千克各品种放养比例、放养量及产量计划见表 2-1，表 2-2，表 2-3。出池时间为 9 月末。

表 2-1　以鲤鱼为主养鱼每 0.067 公顷产量为 350 千克的放养模式

品种	放养尾数	比例（%）	放养规格（克/尾）	成活率（%）	出池规格（克/尾）	出池尾数	产量（千克）
鲤	300	75	125	95	1000	285	285.0
鲢	80	20	75	90	750	72	54.0
鳙	20	5	80	90	750	18	13.5
合计	400	100	—	—	—	375	352.5

表 2-2　以鲤鱼为主养鱼每 0.067 公顷产量为 500 千克的放养模式

品种	放养尾数	比例（%）	放养规格（克/尾）	成活率（%）	出池规格（克/尾）	出池尾数	产量（千克）
鲤	448	80	125	95	1000	426	426
鲢	84	15	75	90	750	76	57
鳙	28	5	80	90	750	25	19
合计	560	100	—	—	—	527	502

表 2-3　以鲤鱼为主养鱼每 0.067 公顷产量为 750 千克
的放养模式

品种	放养尾数	比例 (%)	放养规格 (克/尾)	成活率 (%)	出池规格 (克/尾)	出池 尾数	产量 (千克)
鲤	672	80	125	95	1000	638	638.0
鲢	126	15	75	90	750	113	84.8
鳙	42	5	80	90	750	38	28.5
合计	840	100	—	—	—	789	751.3

四、驯化饲养管理

（一）投饵量预算　投饵量以预期达到的每 0.067 公顷吃食鱼产量和饵料系数计算出年需饲料的总量，即每 0.067公顷年总投饵量＝每 0.067 公顷吃食鱼产量×饵料系数。再按月分配投喂计划（表 2-4）算出投饵量，按照表 2-5 算出旬投饵量。日投饵量按旬投饵量的 10% 计算。

表 2-4　鲤成鱼投饵量月份分配及日投喂次数

月　份	五	六	七	八	九
月份分配占全年比例(%)	10	15	30	30	15
日投喂次数	2～3	4	4	4	3～1

注：日投喂 4 次的时间为：6：30,10：30,14：30,18：30

日投喂 3 次的时间为：8：00,12：00,16：00

日投喂 2 次的时间为：10：00,14：00

表 2-5　鲤成鱼月投饵量逐旬分配表（%）

月　份	五	六	七	八	九
上　旬	20.0	30.0	31.3	36.7	46.7
中　旬	33.3	33.3	33.3	33.3	33.3
下　旬	46.7	36.7	35.4	30.0	20.0

（二）**饵料营养要求与粒径**　　投喂鲤鱼配合颗粒饲料,饵料中粗蛋白含量为 28%～33%。颗粒饲料的直径:鱼体重 50～100 克时,粒径需 3 毫米;鱼体重 100～250 克时,粒径为 4～5 毫米;鱼体重 300 克以上时,粒径 5～6 毫米。

（三）**投喂方法**　　投喂驯化应在鱼种放养后立即开始,料台的设置及驯化方法与鱼种饲养相同。每次投喂 30 分钟左右,不超过 40 分钟。如放养的是驯化鱼种,2～3 天就形成大鱼群,放养一般鱼种的,一般要 7 天左右才能驯化成群。投喂时坚持"四定"的原则和"慢、快、慢"的投饵方法,鱼吃到八成饱时即停止投喂。日投饵量要根据水温、气候、鱼吃食情况增减。

（四）**水质调节**　　主养鲤鱼的池塘透明度应控制在 25～35 厘米之间,鱼种放养后要经常加注新水,每 7～15 天注水 1 次,每次注水 5～25 厘米,尤其是水温高的 7 月份和 8 月份,当透明度超出下限时,应排出老水 1/3,补充 1/3 的新水。或每隔 15 天用 20 ppm 的生石灰全池泼洒,以净化水质。

（五）**增氧**　　增氧机的启用,应根据池塘水溶氧量来确定,保证池水溶氧量昼夜在 5 毫克/升以上。按照"三开二不开"的原则,及时开动增氧机,以防池中鱼密度大而缺氧。即晴天中午开机 2～3 小时,阴天的清晨开机 2～3 小时,连绵阴雨天在半夜开机,阴天的白天不开机,晴天的傍晚不开机。另外,高温季节池水浮游动物多时,可采用 0.5～1ppm 的 90% 晶体敌百虫全池泼洒,控制浮游动物,使浮游植物繁生,利用光合作用增加水中溶氧量。

（六）**定期检查**　　每 10～15 天喂料时用捞子随机取样 10～20 尾,测定鱼的体长、体重,确定鱼的生长及鱼病情况,根据测定情况对投饵量及饲料粒径进行适当调整。

（七）**巡塘**　每天早、中、晚各巡塘 1 次,观察鱼的活动及摄食情况,发现问题及时处理。

（八）**鱼病预防**　每半月用生石灰或漂白粉全池泼洒,对水体消毒。在鱼病流行季节投喂药饵预防细菌性疾病和肠道寄生虫病(具体操作请参照第八章)。

第二节　以鲫鱼为主的成鱼驯化养殖模式

一、成鱼池的选择和准备

主养鲫鱼的成鱼池应具备的条件以及放养前的准备工作,均与养鲤成鱼相似,可参照本章第一节进行。

二、放养模式

每 0.067 公顷放养规格为 50 克左右的鲫鱼春片 1 500～2 000 尾,搭配鲢鱼春片 200 尾,鳙鱼春片 50 尾。鲫鱼当年可长到 200 克左右,鱼产量可达 500 千克左右。每 0.067 公顷最好套养 20～30 尾加州鲈、鲶鱼、鳜鱼等凶猛鱼类夏花,以控制少量性成熟的鲫鱼繁殖的苗种。

三、驯化饲养管理

（一）**饲料营养要求与粒径**　采用含蛋白质 32% 以上的全价配合饲料。粒径要求比较严格,要根据鱼体规格及时调整。鱼体重 50～80 克时,粒径 2 毫米;鱼体重 80～120 克,粒径 2.5 毫米;鱼体重 120～200 克,粒径 3 毫米;鱼体重 200～300 克,粒径 3.5 毫米。

（二）**驯化投喂**　鲫鱼驯化难度大,时间长,一般需要 2

周左右。为提高驯化的效果,可在饲料中添加 0.5%～1% 的乌贼内脏粉(添加剂)。在投饵台边敲出声响,边呈扇面形将饲料撒于水中,使鱼形成集群上浮抢食习惯。每次以喂八成饱为宜。时间掌握在 40 分钟左右。

6 月份每天投喂 2～3 次,7～8 月份每天投喂 3～4 次,9 月份每天投喂 2～3 次。日投饵量为鱼体重的 2%～5%。

(三)水质调节 主养鲫鱼的池塘,放入春片应 1 次性注水,水深达到 1.5 米,至 7 月份再次注水,中间不宜分次注排水,以防止水流刺激鱼产卵。溶氧保持在 3 毫克/升以上,透明度 20～30 厘米。每隔 15～20 天,全池泼洒生石灰 1 次,每 0.067 公顷用量为 20～25 千克。

(四)鱼病防治 应定期全池泼洒药物,投喂药饵。

第三节 以团头鲂为主的成鱼驯化养殖模式

一、鱼池条件

成鱼池面积 0.33～0.67 公顷,最大不要超过 1 公顷,以免因投饵不均而造成出塘规格差异过大。鱼池水深 1.5～2 米,池底平坦、不渗漏,鱼池底淤泥不超过 10 厘米。鱼池进排水系统配套,平均每 0.067 公顷配备 0.5 千瓦增氧机。鱼种放养前按常规方法对池塘进行清整消毒。

二、水质要求

成鱼池水源充足,水质清新,无污染;池水透明度在 25～35 厘米;团头鲂对低氧很敏感,池中溶氧量要保持在 4 毫克/升以上,清晨溶氧量不得低于 2 毫克/升。池水 pH 值在

7～8之间。

三、放养模式

每0.067公顷放尾重50克的团头鲂鱼种1000尾(不放与之争食的草鱼、鲤鱼),搭配150尾鲢鱼春片,50尾鳙鱼春片。当年可长到每尾重500克左右,每0.067公顷鱼产量可达500～600千克。每0.067公顷搭配200尾鲫鱼种,效益更佳。

四、饲养管理

饲料以全价颗粒饲料为主,青绿饲料(浮萍、黑麦草、苏丹草等)为辅。颗粒饲料蛋白质含量25%以上。鱼体重30～80克时,料的粒径为1.5毫米;鱼体重80～200克时粒径为2.5毫米,鱼体重200～300克时,粒径为3.2毫米。除设投饵台外,还要在投饵台附近设置三角形或方形草框。按常规声响刺激方法进行驯化与投喂,2～3天即可应声上浮抢食。投喂坚持定质、定位、定时、定量的"四定"原则,7～9月份每天投喂2～3次,其他月份每天投喂1～2次。把握住团头鲂于晴天中午前后和夜间很少摄食,傍晚摄食强度大(16～18时最大,可占日粮的40%～50%)的特点,加大早晨(9～10时)和傍晚(4～5时)的投喂量。日投饵量可占鱼体重的2%～3%。

养殖期间定期注排水调节水质,7～9月份每半月注水1次,每次注水20～30厘米,并视天气和水质情况及时注排水,保持水质"活、嫩、爽"。每半月每0.067公顷用15～20千克生石灰化水全池泼洒。视池中溶氧情况,经常开动增氧机,防止鱼类缺氧浮头。

鱼种下塘前用5%的食盐水浸洗5分钟进行鱼体消毒,养殖期间对青饲料要进行消毒,水生青草用10ppm的漂白粉、浮萍用 5ppm 的漂白粉消毒。每半月对食场进行 1 次消毒。每隔 10～15 天,投喂土霉素药饵 1 次,以防止细菌性烂鳃病及肠炎病的发生。

第四节　以草鱼为主的成鱼驯化养殖模式

驯化饲养草鱼的鱼池条件和水质要求可参照团头鲂的成鱼驯化养殖模式进行。

一、放养模式

每 0.067 公顷放尾重为 80 克左右的大规格 1 龄鱼种 600 尾,搭配鲢、鳙鱼种 250 尾,当年长到尾重 1 000 克以上,每 0.067 公顷产量可达 600 千克。

二、草鱼饲养管理

饲料以全价的草鱼颗粒料为主,以青绿饲料为辅。颗粒饲料蛋白质含量 28％以上,粒径选择 4～6 毫米。

草鱼经投喂驯养后,就会形成一种集中抢食的习惯。每天定时、定点投喂,每次投喂 30 分钟。每天投喂两次,上午 9～10 时,下午 4～5 时各 1 次,日投喂量为鱼体重的 3％。应注意的是颗粒饲料与青饲料不要同时投喂,如果同时投喂,就会影响鱼对颗粒饲料的摄食,而导致颗粒饲料未被鱼吃完而浪费。一般先喂青饲料后喂颗粒饲料,二者要有一定的间隔时间。因草鱼贪吃,食量无节制,要避免晚间投食过多,以防引起草鱼发病死亡。晚间投喂量要严格控制在傍晚前吃完为宜,杜绝吃夜食。万一夜间仍摄入大量食物,必须严格监视其动态,提前开动增氧机或加注新水。在夏、秋高温季节,10 时至日落前,水体表层温度较高，草鱼难以忍受，所以投喂于食架内的饵料及青饵料，草鱼较少摄食。可在食架上搭盖遮荫棚，降低温度，让草鱼白天顺利摄食，避免夜间大量摄食。

草鱼喜欢水质清新的环境，养殖期间要经常加注新水调节水质，保持水中溶氧量不低于 4 毫克/升，每半月用 10～20 ppm 生石灰全池泼洒，调节池水 pH 值，使之保持在7～8.5范围内，防止由于水体 pH 值过低而引起草鱼厌食症。经常开动增氧机，防止鱼类浮头。

加强鱼病防治。草鱼易得肠炎病，因此投喂的草料一定要进行严格消毒，并经常投喂一定量的抗生素和呋喃类药饵，每日 1 次连喂 3 天。其具体防治方法见第八章。

第三章 北方池塘养鱼安全越冬技术

我国北方池塘（主要是东北、西北和华北地区）每年都有一定的封冰期，尤其是黑龙江、内蒙古气候寒冷，最低气温达－30℃以下，有的封冰期长达 5～6 个月，冰层厚度在60～150厘米。因此，鱼类越冬一直是北方养鱼生产中的一个极为重要的环节，其成败直接关系到养鱼的生产效益。近年来随着集约化养殖水平的提高，越冬密度的增大，以及鱼类体质下降和疾病的传播，使得漫长冬季封闭的水域环境对鱼类生存构成了巨大威胁，越冬的危险因素增大。本章将从鱼类越冬的原理入手，找出影响越冬成活率的主要问题并加以解决，提出安全越冬操作方案。

第一节 越冬池的生态环境

一、鱼类对低温的适应能力

鱼类是终生生活在水中的变温动物。鱼的体温随水温变动而变动,体温一般高出水温 0.5~1℃。鱼的新陈代谢、食欲都随水温的变化而变化。北方地区的主要养殖品种有鲤鱼、鲫鱼、白鲢、花鲢、草鱼等,它们最适合的生长温度在 20~28℃ 之间,水温低于 7℃ 时停止或很少摄食,在封冰的情况下,不冻水层的水温在 0~4℃,这时鱼类基本停食,活动减慢,新陈代谢速度及耗氧率降低,生长停止。漫长的越冬期,鱼类靠消耗体内积蓄的营养物质而生存,春季出池时鱼体体重减轻 5%~15%。

鱼类品种不同对低温和低氧的抵抗力各不相同。耐受力最强的为塘鳢、乌鳢、鲫鱼,其次为鲤鱼、鲶鱼,再次为草鱼、花鲢和白鲢,最次为麦穗鱼等杂鱼。同一品种因鱼苗的来源地不同耐受力也有差别,如北方自繁鲤鱼种可耐 1℃ 的低温,而南方引进的鲤鱼种只能耐受 2℃ 的低温,水温长期低于此限度就会冻伤。

二、越冬池的水体环境

明水期的池塘与外界环境是相互联系、相互作用并进行物质交换的,而封冰后的越冬池由于冰层的隔绝,与外界的联系中断,形成了一个完全封闭的生态系统。

(一)物理环境

1. 冰厚与有效水深　封冰后,冰层不断加厚,一般在 1

月中旬达到最大冰厚。黑龙江省可达 60～150 厘米。注满水的越冬池最低有效水深等于封冰时水深减去最大冰厚和渗漏深度。由于鱼类只能生存在不冻的水体中，因此有效水深对鱼类越冬至关重要，要求不得少于 1 米，渗透明显的越冬池应及时补水。

2. 水温　冰下水温呈 0～4℃由上而下地垂直分布，贴近冰层的表层水温最低，愈往下层越高。一般表层水温 0.2～0.6℃，冰下水深 20 厘米处 1～1.4℃，50 厘米处 2～3℃，100 厘米处 2.8～3.8℃，150 厘米处 3.6～3.9℃，300～400 厘米处 4℃。

3. 光照　在冰面无积雪的情况下，冰下水体都有一定的光照，光照度大小与冰层的厚度关系不大，但与冰层的透明度呈正相关。一般明冰的透光率在 30%～60%，乌冰的透光率在 8%～12%，而冰面覆雪 20～30 厘米时，透光率仅为 0.15%，冰面覆雪 50 厘米以上时，透光率近乎于 0。

4. 底泥厚度　底泥中含有大量的残饵、粪便、细菌和虫卵等，其分解需要大量的溶解氧并产生有毒有害物质，同时也是疾病发生的主要根源。因此，底泥厚度直接影响鱼类越冬，一般不应超过 20 厘米。过厚的底泥应予以清除。

（二）化学环境

1. 溶解氧　封冰后，由于冰层的隔绝，空气与水中的氧量交换无法进行，所以越冬池水中的溶氧量变化取决于浮游植物光合作用的产氧量与水中的生物、有机质耗氧量之间的平衡关系。刚封冰时的基础氧量多趋于饱和。一般在 11～14 毫克/升之间。封冰后，当浮游植物的产氧量大于水中的耗氧量时溶氧量上升，反之，则溶氧量下降。当冰下的溶氧量下降到 4 毫克/升时应采取增氧措施。如果水中浮游植物含量丰富、冰层的透光度好,溶氧量也很容易过于饱和。一般认为水体溶氧量超过 20 毫克/升时,对鱼是有害的,应予以控制。

2. 酸碱度 pH 值　封冰后,由于二氧化碳的增加,水中的pH 值逐渐降低,水体由弱碱性变为中性或弱酸性。这种变化对鱼类是不利的,一般通过入冬前泼洒石灰水和增强浮游植物的光合作用予以调节。

3. 氨态氮　氨态氮一方面是浮游植物的营养源,另一方面其含量过高却会对鱼形成直接危害,同时它又是鲤鱼出血性败血症的病原体——嗜水气单胞菌的唯一氮源。因此氨氮含量过高还会引起出血病的暴发。一般当其含量在超过 0.2毫克/升时对鱼不利,超过 0.6 毫克/升时直接危害鱼类生存。水中的氨态氮主要来源于鱼类的排泄活动和底泥的分解。一般投饵多、产量高、底泥厚的池塘氨氮的产出量大于植物的利用量,氨氮容易超标,反之新池塘或清淤彻底、产量不高的池塘氨氮含量多为微量。

4. 亚硝酸盐　亚硝酸盐的存在对鱼有直接的毒性。冰下缺氧的越冬池易发生亚硝酸盐中毒症,引起鱼类的棕血病,也能引发其他细菌、病毒性鱼病。亚硝酸盐是氨经细菌作用发生氧化反应生成的。一般养殖密度大、投饵多或饲料蛋白质长期过高(超过 36%)、水体中有机物含量过高都容易引起亚硝酸盐含量的升高。

5. 硫化氢　硫化氢是有毒气体,既对鱼有毒害作用,又消耗水中的氧气。主要来源于底质中的有机物厌氧分解。彻底清淤和保持较高的氧量能抑制硫化氢的产生。施入底质改良剂可吸附硫化氢。越冬池的硫化氢不应高于 0.2 毫克/升。

6. 二氧化碳　封冰后,由于冰层的隔绝,二氧化碳很容易积累起来,其含量大于 60 毫克/升时对鱼类形成危害,超过

200毫克/升时鱼便死亡。其来源是有机物的分解和生物的呼吸,其消耗是浮游植物的光合作用。因此,保证浮游植物的光合作用强度和防止缺氧就能防止二氧化碳含量的上升。

(三)生物环境

1. 浮游植物　冬季冰下水温较低,光线也较夏季弱,一般浮游植物含量较夏季低。蓝藻等喜温种类基本消失,常见种类多为金藻门、黄藻门的鞭毛藻类及绿藻门的小球藻等。这些种类趋光性强,对温度和光线的适应能力也较强。浮游植物的光合作用是冰下溶解氧的主要来源。

2. 浮游动物　冬季常见的浮游动物只有剑水蚤和轮虫,其大量繁殖使得水体中的耗氧量增大,溶解氧迅速下降,所以浮游动物对越冬而言是敌害生物,应予以杀灭。

3. 底栖生物和水生昆虫　此两类生物也是耗氧因子,但只要入冬前清塘彻底,注水时严格过滤,冬季就不会大量出现。

4. 鱼类　鱼类是越冬的对象,其密度应适当。密度太大,容易导致溶氧量下降和氨氮、二氧化碳等有害物质含量升高。具体越冬量应视池塘条件灵活掌握。

第二节　影响鱼类越冬成活率的
主要因素及对策

一、越冬鱼类体质不佳

驯化养殖的鱼类体质与所摄食的饲料关系最大,如果饲料的配方营养不合理,维生素的含量不够或促长剂添加量超标,一般不影响鱼类生长,但严重影响鱼类的体质,容易造成鱼体"虚胖",这种鱼免疫力下降,越冬比较困难,尤其是越冬后期水质条件不好时极易受到病原体的侵染,暴发鱼病,造成越冬损失。

防止越冬鱼类的体质下降主要应在饲料的选配上下功夫。配制饲料时应注意营养的搭配全面合理,不应片面追求过高的蛋白质含量和过快的生长速度,而更应注重氨基酸的平衡、维生素和微量元素的充足,保证鱼类的健康生长。

二、冰下水体溶氧量偏低

冰下水体溶氧量偏低是影响鱼类越冬成活率的一个主要因素。缺氧原因及应采取的措施如下:

(一)浮游植物产氧量不足 浮游植物生物量不足,池水太瘦,使得光合作用产氧量不足。这种情况可通过施肥和引种加以解决。冰下可施入种苗精(一种由微量元素配成的浮游植物专用营养剂)或过磷酸钙,不施或少施氮肥,以免引起副作用。引种-即引入附近池塘的浮游植物含量较高的肥水,接入种源与施肥相配合,可加快浮游植物的繁殖。

(二)光照不够 如果刚结冰时发现乌冰造成光照不足,可打碎令其重新结冰。如果乌冰层不厚(5厘米以内),只要扫雪及时可以升华一部分,就不必打碎重冻。如果乌冰较厚,全部打碎又有困难时可打出占越冬池面积1/5～1/3的明冰带,以利于透光。越冬池面不允许覆雪,扫雪要及时,小雪1天、大雪两天内要扫完。

(三)浮游动物大量繁殖,耗氧量增大 如果封冰前杀虫处理不彻底或补水时带入种源,浮游动物就容易在冰下水体中大量繁殖起来,使得耗氧增大,溶氧量下降。应每1周左右采水观察1次。冬季常见的浮游动物种类为剑水蚤和轮虫。剑水蚤肉眼可见,用灭虫精或敌百虫都可以杀灭。轮虫个体较小,肉眼不容易察觉,应用显微镜鉴定,用 1.5～2 ppm 敌百虫才能杀灭。

(四)池底淤泥过厚,有机质含量高 底泥中含有大量的残饵、粪便等有机物质,其分解时耗氧量很大。所以越冬池的底泥厚度不应超过 20 厘米,过厚的底泥应予以清除,可在越冬前用推土机、挖掘机或泥浆泵清除。如果机械清淤有困难,可施入"底质改良剂"改良底质,减少耗氧。

(五)补水、使用循环水或增氧机增氧 这三种方法是最直接的机械增氧法,通常作为缺氧时的第一措施。但使用时应注意以下两点:首先,在补水增氧时要测定水源的水质,特别是含铁量高的井水不能作为冬季的补水源,因为井水中的铁多以二价的铁离子形式存在,在有氧存在的情况下就会发生还原反应吸附氧原子,所以这种二价铁实际上是耗氧因子。其次,使用循环水或增氧机增氧时应测定水温,防止水温下降过快对鱼造成冻害。底层水温应控制在 1℃以上。

作为缺氧时的急救措施,冰下缺氧时可施入速效增氧剂(或以过氧化钙代替)进行快速增氧,它是一种白色粉末或细小颗粒,常温下稳定,遇水后迅速分解,释放出大量氧气,在短时间内即可增加水中溶氧量,造成富氧区,使用时一定要按说明操作或向技术部门咨询,以免用法不当对鱼造成伤害。

三、越冬管理不善

越冬期间因管理不够精心或操作不当引起鱼的成活率偏低有以下几种情况:

第一,越冬鱼并池时操作粗糙,鱼体受伤。并池时天气不好,水温过低,也可导致鱼体冻伤。

第二，越冬鱼入池时未进行鱼体消毒，使病原体带入越冬池中。

第三，池底淤泥过厚，越冬前未清塘或未用底质改良剂处理池底。

第四，越冬池封冰时由于"雪封泡"造成乌冰而未能妥善处理，或忽视扫雪而影响浮游植物的光合作用，使溶氧量下降，二氧化碳上升。

第五，未及时监测水中溶氧含量、鱼的活动情况及水位变化情况，使隐患未能得到及时处理。

第六，发现缺氧，未能采取措施或方法不当，如为了增氧，盲目长期在低温环境下曝气循环池水，使温度下降到 0.5℃以下，鱼被冻伤或冻死。

四、鱼类疾病的传播

越冬鱼类由于摄食停止，体质下降，体能大量消耗，免疫力下降，极易受到病原体的侵袭，从而导致疾病的暴发，引起越冬成活率下降甚至绝产。同时由于越冬池环境相对封闭，鱼类停食，水温偏低，使药物治疗鱼病难以操作和疗效降低。实践证明，大多数病原体是在夏秋季饲养阶段逐渐感染、积累保留至冬季的。因此为防止越冬期的鱼病暴发，夏秋季的防病工作尤为重要。冬季发病率较高和危害较大的疾病主要有鲤鱼败血症、营养性肝病、斜管虫病、竖鳞病和水霉病等。

第三节　池塘养鱼安全越冬的操作方案

一、夏秋季节鱼类疾病的预防

夏秋季节鱼类疾病的预防,主要做好下面各项工作:①在此季节里,每隔2～3天清理1次食台、食场,每半月用漂白粉消毒1次,经常清除池边杂草和池中腐败污物。②从7月下旬开始每半月投喂杀菌药饵3天,可有效地预防出血病、竖鳞病、肠炎、赤皮病等细菌性鱼病。③8月上旬至9月上旬,每半月投喂1～3天杀虫药饵,可预防绦虫、孢子虫等肠道寄生虫病。

二、鱼类越冬前的强化饲养

在越冬前1个月左右对准备过冬的鱼进行强化饲养,改变配方,降低饲料中的蛋白质含量,提高脂肪、糖类的含量,同时撤掉促生长剂,增加维生素C、维生素E等几种维生素的含量。增强鱼类的体质,提高其抗应激能力,保证过冬安全。

三、越冬池的准备

一般进池前准备和进池大多在9月中旬到10月中旬之间,最晚不超过10月末。

（一）越冬池的选择　养殖的鱼类越冬应用专门的越冬池,形状最好为长方形,东西走向,背风向阳,面积不应太小（最好1.33公顷左右,以便管理）,注满水深达2.5～3米,保证最大冰厚时,冰下水深不低于1米,最好1.5～2米。越冬池底要求底质坚硬、平坦、保水力强,底泥厚度不超过0.2米,每年要进行清塘晾晒,清除杂草、杂物、淤泥,整修堤坝。

（二）**越冬池的消毒** 一是采用生石灰消毒:带水清塘每0.067公顷用150～250千克,干池清塘每0.067公顷用75～150千克,清塘3天后逐渐加满水,7～10天后放鱼。二是采用漂白粉消毒:带水清塘应使池水达到20 ppm,干池清塘每0.067公顷用5千克,化水后均匀泼入池底。5天后放鱼(放鱼前用试水鱼做试验)。

四、越冬池水的选择和处理

井水、河水、水库水和泉水均可作为越冬池用水,有工业污染或大量生活污水流入的不能作为越冬池的水源。在有条件的地方,应多用或全部使用井水。池塘难以排干、水源缺乏或其他原因必须采用原塘越冬的,也可用原塘水越冬,但需对原塘水进行处理。

（一）**井水越冬** 井水水质清洁,有机质少,且营养盐含量高,越冬期自身耗氧低,水中病原体较少,减少了鱼的感染发病机会,因此是较为理想的越冬用水。全部用井水的越冬池注水后可适当施些化肥。2米深越冬池每0.067公顷施硝铵5～6千克,过磷酸钙3～4千克。含铁量高的深井水要充分曝气后再注入越冬池。

（二）**原塘水越冬** 越冬不宜全部使用培育池老水,应先排出老水的1/2～2/3,然后进行3次消毒。① 第一次漂白粉消毒,用1～2 ppm浓度,全池泼洒。②3～5天后用生石灰改良水质:用量为15～20千克/0.067公顷,化成石灰浆全池泼洒。③5天后第三次消毒,再用漂白粉1～1.5ppm浓度,全池泼洒。也可用0.5 ppm鱼康、0.3 ppm氯杀宁或0.3 ppm水族宝任选其一代替漂白粉全池泼洒,杀灭病菌。

（三）杀灭浮游动物及水生昆虫　封冰前如果发现水中浮游动物及水生昆虫比较多，就要施杀虫剂灭虫，一般使用1～2 ppm 的晶体敌百虫或 0.15 ppm 强效灭虫精全池泼洒。

（四）改良底质　对底泥过厚，又不能彻底清塘的池塘，可用底质改良剂吸附氨氮等有害物质，改善底质和池水条件，每 0.067 公顷用量为 20 千克。

五、并塘、鱼体消毒及越冬密度的控制

（一）并塘　北方养鱼池在 9 月中旬后水温开始降低，当水温降至 10℃左右时，鱼的摄食量减少，游动能力减弱，此时拉网出池，鱼比较安静，不易受伤。选择温暖无风天气出池和并塘。出池时先将池水排出一部分或一半，以提高拉网捕鱼的效率，但应避免放干水后干塘捡鱼。一般要求 80%～90% 的个体是在半池水的情况下拉网捕出的，其余的 10%～20%，主要是下层的鲤鱼，只能在池水基本排干以后，群集在池底坑洼处，用捞网快速捕出，这部分最后捞出的鱼，应在网箱中暂养一段时间，待其将淤积在鳃间的污泥排净，鱼体的活动能力恢复正常后，再将其运往越冬池。

出池后，经检斤过数后，用带水运输的方法，迅速、安全地运到越冬池，整个操作过程要细心、轻快，尽量带水操作，避免鱼体受伤、掉鳞。

（二）越冬密度　冰下最低水深 2 米以上，具有补水条件的越冬池每 0.067 公顷放鱼 500～750 千克；冰下水深1～1.5米，有补水条件的越冬池每 0.067 公顷放鱼 400～500 千克；无补水条件的越冬池每 0.067 公顷放鱼 250～400 千克。

鱼入越冬池后仍继续投喂少量饲料，过早停食对越冬不利。可视天气、水温、鱼类吃食情况，日投饵量为鱼体重的

0.5%～1%,投喂持续至水温下降到5～8℃停食时为止,这样能有效地保证鱼类的肥满度,缩短鱼种消耗体能的时间。

(三)鱼体消毒　鱼体消毒可在出池拉网后进行,也可在入越冬池前完成,最好是在越冬池边进行,这样消毒结束后可立即放入越冬池,有利鱼体的恢复。具体方法是用一个能盛100升或更多水的容器,加入配好的药液,在容器内铺一块鱼种网,然后放鱼消毒,达到消毒时间后,将网提起,直接把鱼放入越冬池内。采用此方法,每次可消毒鱼种20～30千克,每份药液可循环使用5～7次。浸洗药物种类要根据镜检结果来定,常用的药物有食盐、孔雀石绿、敌百虫、硫酸铜、硫酸亚铁、福尔马林和抗生素等。

六、越冬期间的管理

(一)测氧和补氧　应有专人定期对越冬池溶氧进行测定,前期每周测1次,从12月下旬起或溶氧量明显下降时应3天测1次,或者每天测1次,应保证溶氧量不低于4毫克/升,当溶氧量明显下降时,就应查明溶氧下降原因,针对不同情况及时采取措施。例如补水或使用循环水增氧机增氧。作为缺氧时的急救措施,冰下缺氧时可施入速效增氧剂或过氧化钙进行快速增氧。速效增氧剂是一种白色粉末或细小颗粒,常温下稳定,遇水后迅速分解,释放出大量氧气,在短时间内即可增加水中溶氧量,造成富氧区,使用时一定要按说明操作或向技术部门咨询,以免用法不当对鱼造成伤害。简易测氧方法如下:

1. 采水　每个0.067公顷左右越冬池采样1～2个,用250毫升水样瓶采取中下层水样。

2. 测定　先往水样瓶中分别加入硫酸锰和碱性碘化钾

溶液各约 1 毫升,摇匀,产生棕色沉淀,待沉淀降至瓶中部以下后加入浓硫酸约 1 毫升,摇匀,沉淀消失,水样呈棕黄色。取上述水样 50 毫升倒入三角瓶中,用硫代硫酸钠溶液滴定至水样呈淡黄色时加入 0.5% 的淀粉溶液 5~10 滴,水样变为蓝色,继续滴定硫代硫酸钠至蓝色刚好消失时准确记录硫代硫酸钠的用量。计算公式:

溶氧量(毫克/升)=N×V×8/50×1000

式中 N 为硫代硫酸钠的摩尔/升浓度,V 为硫代硫酸钠的用量(毫升)。

(二)及时补水 视水位下降程度及时注水,保证冰下最低水深大于 1 米,注水最好选择在晴天时进行,注意早注水、勤注水,以免注水时间太长,或者 1 次注水量过大,引起水温大幅度降低以及鱼类的活动量过大等。注入的水要求生物量少、无污染,含铁、硫化氢过多的水一定要经过曝气后方可注入。

(三)施肥补充营养盐类 对于浮游植物含量较少、水质清瘦的越冬池,可将过磷酸钙或种苗精装入布袋,挂在冰下水中,用量为每 0.067 公顷过磷酸钙 3~4 千克,种苗精0.15~0.25 千克。冰下尽量不施或少施氮肥,因为高密度池塘鱼类自身排氨量已使池中氨氮量足够或过高了,再人为加氮有害无益。

(四)控制水中浮游动物 剑水蚤和犀轮虫是越冬池常出现的浮游动物,这些浮游动物大量滋生后,会大量消耗水中溶氧,同时它们还会大量摄食浮游植物,使浮游植物生物量减少,光合作用产氧减少。一般在用敌百虫消过毒的越冬池中,封冰期间的浮游动物量较小,但一些消毒后又灌入部分河水、湖水、泡沼水或养过鱼的老水的越冬池,封冰一段时间后,就可能重新滋生一些浮游动物,因此在监测溶氧的同时,要经常注意观测浮游动物的种类和数量,如发现大量剑水蚤(超过100个/升)、犀轮虫(超过1 000个/升)时,可用1~2 ppm浓度的敌百虫杀灭。

(五)**测定氨氮** 越冬池氨氮含量应低于0.2毫克/升,如含量超标可向池中施入底质改良剂,每0.067公顷用量为20千克。

(六)**扫雪** 无论明冰或乌冰上的积雪都应及时清扫干净,冰面积尘过厚也要扫掉。据测定,积雪覆盖1天,溶氧有时可减少1~2毫克/升,所以扫除积雪的面积越大越好,小池最好全部清除,一般的池塘要清除80%以上。

七、融冰期的管理

越冬池开化后,由于温度的回升,鱼类活动增加,升温加剧,越冬池水也因鱼的密度大,水中有机质含量多而极易变坏,所以早春开化后应尽快分池,把越冬鱼放养到环境好、密度适宜的养殖池中进行正常喂养,防止春天死鱼现象的发生,及早恢复越冬鱼种的体质。主要采取以下防备措施:

第一,防止春季暴发性鱼病。越冬后期由于水环境逐步恶化,温度上升,极易引起病原体的大量滋生,暴发出血病、竖鳞病、水霉病和斜管虫病等。应密切关注,及时采取防治措施。

第二,抵御大风、低温天气。北方开春解冻时,有时会有一段与冬季封冰时相近的寒冷气候,所以在遇寒冷、刮大风时,要加注深井水。

第三,对于缺水不能及时分塘的鱼池,开化后必须加强管理。①及时清除漂于水面的死鱼和杂物。②每0.067公顷用15~20千克生石灰化水全池泼洒,调节水质,沉淀有机物,降低浑浊度。③用 1 ppm 浓度的漂白粉全池泼洒,杀灭病原体。④适当投喂营养含量高的饲料。⑤尽快清整好鱼池,及时分池。

第四章 名优鱼类的养殖技术

第一节 史氏鲟的人工养殖

史氏鲟是我国黑龙江的名贵大型特产经济鱼类,在分类学上属于鲟形目,鲟科,鲟属,地方名七粒浮子。分布在我国境内的为淡水定居型,主要分布在黑龙江中下游及其支流松花江、乌苏里江、嫩江等水域,主要产量集中在黑龙江的同江至抚远江段。渔获物中常见体重为 10～40 千克,最大个体达 100 余千克。它肉厚、骨软,营养丰富,特别是其鱼卵加工制作的鱼子酱,是驰名国际市场的珍品。另外,它生长迅速,适应能力强,已经成为我国一种新的养殖品种。

一、史氏鲟的生物学特性

(一)主要形态特征　史氏鲟体延长呈圆锥形,吻突出呈锐三角形或矛形,吻腹面有须 2 对,吻腹面的前方有若干疣状突起,故此得名七粒浮子。口下位、呈花瓣形。体被 5 行整齐的菱形骨板,歪尾形,尾鳍上叶发达,身体背部为黑褐色或棕灰色。幼鱼为黑色或浅灰色,腹部均为白色。

(二)生活习性　史氏鲟属底层冷水鱼类,栖息于砂砾底质的水域,喜清澈水质,耐低温,适温范围广,生存水温 1～

33℃。最适生长水温 17～22℃，在水温 1～2℃仍能摄食，水温高于 26 时，摄食开始下降。史氏鲟耗氧率高，水体溶氧量在 6 毫克/升时，食欲旺盛，4 毫克/升时，鱼苗摄食下降，降至 3 毫克/升，出现浮头。对 pH 值的适应范围是 6.5～8.5。

（三）**食性**　史氏鲟为温和的肉食鱼类，以水生昆虫、底栖动物及小鱼虾为食，幼鱼以浮游动物、底栖生物、水生昆虫及其幼虫为食。在人工饲养环境中，经驯化的鲟鱼苗种及成鱼均可摄食人工配合饲料。

（四）**生长**　史氏鲟生长速度快，天然水体中最大个体达 100 多千克。人工饲养条件下，当水温为 17～24℃时，2 个月可达 25 克，3 个月可达 100 克，当年可达 1500 克以上，1 龄后鲟鱼生长速度明显加快。

（五）**生殖习性**　史氏鲟寿命长，性成熟晚，在天然水体中，雌鱼 9 龄以上，雄鱼 7 龄以上性成熟。生殖周期为 2～4 年。产卵期为 5～6 月份，适宜产卵水温为 16～23℃，产粘性卵，粘着在水底砂砾上，受精卵在水温 17～23℃时，经 80～105 小时孵出仔鱼。刚孵出的仔鱼黑色或黄色，腹部卵黄大，形如蝌蚪，史氏鲟怀卵量在 0.4 万～106 万粒之间。

二、人工繁殖技术

（一）**亲鱼的选择及成熟度鉴定**　现阶段，性成熟鲟亲鱼仍需从大江中捕获，选择身体无伤或轻伤，雌鱼体重 15 千克以上，雄鱼 7.5 千克以上的个体作亲鱼。生殖期的雌鲟体瘦，吻尖，骨板尖，体表粘液多，腹壁薄，腹部大且柔软、富有弹性。用挖卵器取卵观察，形似椭圆，灰色或黑色，有光泽，富有弹性，两极分化明显，卵粒径 3.1 毫米以上。生殖期的雄鱼将鱼背尾弯曲成"弓"状，用手轻压生殖孔有少许精液流出。以上亲鱼为成熟亲鱼。

（二）人工催产　水温 16～23℃均可进行史氏鲟人工催产。水温低效应时间长，反之则短。选用促黄体素释放激素类似物(LRH-A)作催产剂，每千克雌鱼体重用量为 60～90 微克。Ⅳ期中的雌鱼采用 2 针注射，第一针注射全剂量的 10％～20％，Ⅳ期末的雌鱼采用 1 针注射，雄鱼剂量减半。注射部位为胸鳍基部。经催产的亲鱼分别暂养，用流水刺激，定期检查鱼体变化，雌鱼开始排卵时，游动活跃，检查时卵巢有明显的流动现象，轻压下腹部至生殖孔，有卵粒流出时即将产卵。平均水温 17℃时效应时间为 18 小时，平均水温 19℃时，效应时间为 11 小时。

（三）精卵采集

1. 用挤压法采集精液　1 尾体重 10 千克的雄鱼 1 次可采精液 100～300 毫升，雄鱼可反复使用多次。

2. 用剖腹法或手推法采集卵粒　1 尾 15 千克的雌鲟可产 2.5～3.5 千克卵(9 万～12 万粒)。

3. 人工授精采用半干法　每千克鱼卵用 10 毫升精原液，将精液用水稀释，精液与水的比例为 1∶200，然后将鱼卵放入精液中均匀搅动 3～4 分钟，使精卵充分结合，静止片刻，弃去污水，清洗干净后慢慢加入 20％的滑石粉水溶液脱粘，用手不断搅动受精卵，当卵不出现结块为止，搅动时间为 30～60 分钟。

（四）孵　化

1. 室内振动孵化器孵化　该孵化器 1 次可孵化 40 万粒受精卵。孵化时的进水量为 50～60 升/分钟，自动拨卵装置每分钟拨卵 1 次，孵化率可达 85％。

2. 江中双层网箱孵化　规格为 80 厘米×60 厘米×50

厘米的网箱,1次可孵化1千克鱼卵(4万粒)。具体操作:将网箱固定浮置于水质清澈、流速为0.8～1.5米/秒的江湾处,每20分钟人工翻动1次鱼卵,此法孵化率为85%。

三、苗种培育技术

根据史氏鲟苗种发育特点,饲养一般分为4厘米以前和4厘米以后两个阶段。

(一)刚破膜的仔鱼到4厘米的幼鱼的培育 刚孵出的史氏鲟仔鱼全长10～11毫米,体重18～20毫克,形似蝌蚪;当全长达到21～23毫米时,体重55毫克,仔鱼转入底栖,大部分开始摄食;当全长达到29～30毫米时,体重150毫克,此时5行骨板形成,体形与成鱼相似。因此,此阶段史氏鲟经历从仔鱼向稚鱼、稚鱼向幼鱼的过渡阶段,是苗种培育的关键时期。为提高成活率及便于饲养管理,此阶段培育一般在玻璃钢池和小面积的流水水泥池中完成。

1. 仔鱼放养前的准备工作

(1)培育池:有两种,一种是玻璃钢池,另一种为流水水泥池。玻璃钢池直径2米,深度为50厘米,上面有喷淋式的注水管,可以调节水流,池中心有排水孔,注水深度一般为20～40厘米,池内水呈微流状态。水泥池的面积在10平方米以内,池壁光滑,池高一般60～80厘米,注水深度达30～50厘米,池水呈微流状态。

放养仔鱼前要用3%～4%的食盐水对培育池消毒30～60分钟。

(2)水源:跌水增氧的深井水,溶解氧超过6毫克/升,pH值6.5～8.5之间,水温17～22℃。水源要清洁,最好是1次性用水。也可以用水库的中层水,但要勤测水的溶解氧情况及水温情况。

（3）放养密度：玻璃钢池放养密度为刚破膜的仔鱼 2 000 尾/米²，流水水泥池的放养密度为 1 000～1 500 尾/米²。

（4）注意事项：①要求同一池内放养的史氏鲟为同批孵出的仔鱼。②放苗时水温差别要小于 2℃，大于 2℃要采取缓苗措施。③过渡到主动摄食以前，仔鱼几乎不能克服水流，因此要尽量降低池水的流速。④水温应控制在 17～22℃，昼夜变化应小于 5℃。

2. 饲养方法　此阶段用生物饲料进行培育，生物饲料选用水蚤或水丝蚓。当史氏鲟孵出后 5～7 天（水温 22～23℃），全长达到 21～23 毫米，卵黄囊吸收 2/3 以上，大部分开始摄食时，即可开始投喂，投喂时应停止水流。开口时投喂 1 天的轮虫或枝角类以后，即可投喂切碎的水丝蚓，日投喂 4～6 次，每次投喂以有少量剩余为准。

3. 饲养管理　①保证投喂量充足，防止由于投喂不足，引起鲟苗相互吞食。②及时清除池内的死鱼、粪便及残饵。③投喂的水丝蚓要用 2%～4% 的食盐水消毒。④保持池内水环境的稳定。

（二）4 厘米以后幼鱼的培育　此阶段培育分生物饲料和人工配合饲料两种方法。

1. 培育池　玻璃钢池或室内水泥池，水泥池面积 5～40 平方米均可。

2. 放养密度　玻璃钢池 300 尾/米²。流水水泥池 200 尾/米²，静水水泥池 100 尾/米²，静水水泥池要配备增氧设备。

3. 水源　和第一阶段要求相同。

4. 注意事项　①每池放养幼鱼的规格要一致。②幼鲟放养前要用 2%～3% 的盐水浸洗 10 分钟。③放苗温差要小于 3℃。

5. 投喂饲料

(1)配合饲料饲养：经过驯养史氏鲟可食用人工配合饲料，饲料粗蛋白含量在 40%～45%，粒径在 0.6 毫米至 1 毫米之间，日投饵率为 6%～8%。当体重达到 1～3 克时，饲料粒径为 1～1.5 毫米，体重达到 10～30 克时，饲料粒径为 3～3.5 毫米。

(2)生物饲料(水丝蚓)饲养：日投喂 4 次，投喂量以每次有少许剩余为准。

6. 饲养管理　①此时史氏鲟的生命力已较强，可适当加大水流。②静水水泥池要时刻观察水质、水温及溶解氧的变化情况，必要时要开增氧设备。③史氏鲟喜弱光，应避免强光照射。④及时清除死鱼、残饵及粪便，保持水环境稳定。⑤根据史氏鲟的生长，及时调节养殖密度。

7. 鱼病的预防　每 7～10 天用 2%～3% 食盐水对史氏鲟浸洗 10 分钟，或每隔 7～10 天用 0.5 ppm 的痢特灵全池泼洒，每天 1 次，连续使用 3 天。

第二节　六须鲇的人工养殖

六须鲇又名怀头，是黑龙江及其支流水系中肉食性大型经济鱼类，常见体重 3～8 千克，最大个体 100 千克。此鱼适应性强，易饲养，生长快，易捕捞，其肉质丰厚，细嫩可口。近年来，由于自然资源减少，人工养殖逐渐引起人们的重视，前景十分广阔。

一、六须鲶的生物学特性

（一）形态特征　六须鲶无鳞，侧线贯穿体侧正中，头扁而阔，眼小口大，下颌显著突出，触须三对，上颌须一对，甚长，下颌须两对，易折断。体色多为淡黄色或灰褐色，有不规则的暗色斑块，胸部白色，胸鳍刺弱，无锯齿，胸鳍基部各有一个粘液孔，受刺激时能分泌大量粘液。

（二）生活习性　六须鲶属底层鱼类，游动迟缓，白天潜伏于水底或障碍物下，夜间到浅水岸边捕食其他鱼类。生存水温 0～38℃，最佳生长水温 20～28℃，春夏产卵，冬季越冬有集群性，易于大量捕捞。

（三）食性　黑龙江六须鲶为肉食性鱼类，食量大，尤其在产卵后，大量捕捉其他鱼类为食，同时也能吞食青蛙、水鸭等。池塘养殖也可食人工配合饲料。

（四）生殖习性　六须鲶性成熟年龄为 3～4 龄，体长 60 厘米以上，一般怀卵量为 60 万粒左右。卵椭圆形，淡绿色，卵径 2 毫米。产卵期为 6 月下旬至 7 月中旬，水位上涨时，雌雄鱼成双成对游入岸边植物丛中，互相追逐，完成排卵受精过程，产粘性卵于水草上。非生殖季节，雌雄鱼很难鉴别，生殖季节，雄鱼体色深灰，胸鳍呈方头形，较粗，生殖孔尖状；雌鱼体色较浅，胸鳍较细，生殖孔大而宽，呈红色，腹部膨大，卵巢轮廓明显。适合产卵水温 18～26℃。

二、六须鲶的人工繁殖

（一）亲鱼的选择　现阶段黑龙江六须鲶作人繁的亲鱼，仍是到大江中捕获，要求雌鱼体重 15～20 千克（雄鱼可稍小），无病无伤，腹部膨大，体表光滑，生殖孔红润。

（二）催产剂的种类及用量　①绒毛膜促性腺激素（HCG）：雌鱼每千克体重用量为 1 000～2 000 国际单位，雄鱼减半。②鲤脑垂体（PG）：雌鱼每千克体重用量为 3～5 毫克，雄鱼 2～3 毫克。③促黄体素释放激素类似物（LRH-A）：雌鱼每千克体重用量为 20～30 毫克，一般不单独使用，而与绒毛膜促性腺激素或脑垂体混合使用。效果比单一使用要好。

　　（三）注射方法　①雌鱼两次注射，间距为 10 小时，第 1 次注射总量的 1/3，第二次注射余量。②雄鱼一次注射与雌鱼第二次注射同时进行。③催产水温 20～24℃为宜，注射催产剂后 20～22 小时开始进行人工授精。④雌雄比例为 1∶1。

　　（四）人工授精　①对雄鱼首先排除尿液，再用手轻压腹部将精液挤入白瓷盆中，然后迅速将雌鱼卵挤出与精液混合搅拌，并加 0.3％食盐溶液，使精子活跃，几秒钟即可结束授精过程。②受精卵用 20％的滑石粉脱粘，然后放入孵化器中孵化。③孵化期间，水温以 22～24℃为好，在此温度下，受精卵从授精到出膜约需 40 小时。孵化期间孵化器水流 0.1～0.2 升/秒。

三、鱼苗、鱼种培育

　　（一）鱼苗培育

　　1. 在育苗器中培育仔鱼　育苗器呈圆柱形，直径 1 米，高 40 厘米，出水口在育苗器中央部位，直径 5 厘米，高 12.8 厘米，上敷滤网布，水流从此口溢出，每个育苗器放入仔鱼 1 000 尾。

　　2. 鱼苗开口饵料　以投喂丰年虫、水蚤为主，每天 5～6 次。2 天后，加水蚯蚓或鱼肉酱投喂，每日 3～4 次，日投饵量为鱼体重的 15％。人工制作仔鱼开口饵料，蛋白质含量不低于 45%，粒径适口，诱食剂以低值野杂鱼和动物下脚料为主。水温 26℃时，10 天幼鱼体长可达 3 厘米。

（二）鱼种培育

1. **在水泥池中培育** 六须鲶仔鱼后期就应驯化投喂配合饲料，3 厘米的六须鲶鱼苗在水泥池中以水蚯蚓为诱食剂，水面以水浮莲等遮荫，投喂配合饵料，每次投喂前排除并换水 1/5，每天投喂 3～4 次，经过 10～15 天的培育，体长可达 10 厘米。

2. **在池塘中培育** 池塘面积 0.2～0.33 公顷，池塘周围架设 1 米高的网，防止青蛙等进入。肥水后放苗，每 0.067 公顷放乌仔 5 万～6 万尾。饲养方法，每天泼洒豆浆和鱼肉浆（每天每 0.067 公顷黄豆 3.5 千克，鲜鱼 5 千克），10 天后鱼苗可长到 15 厘米以上。

四、六须鲶的成鱼养殖

（一）单 养

1. **池塘条件** 面积 0.67 公顷左右，池底淤泥少，有部分水草，注排水方便，池水深保持在 2 米左右，如需越冬池深度应在 2.5 米以上。

2. **放养规格和密度** 投放 8～10 厘米的鱼种，每 0.067 公顷放养 800～1 000 尾，秋季出池每 0.067 公顷产尾重 0.75 千克以上的六须鲶 600 千克以上。

3. **饲养方法** 六须鲶在饲料不足的情况下，相互残食，因此养殖的关键是投喂足量的饵料鱼或人工饵料。配合饲料用鲜杂鱼酱 30%，糖渣 30%，豆饼 20%，大麦粉 15%，粘合剂 4.5%，添加剂 0.5%，加工成糊状投喂。投喂时每天傍晚投放在饵料台上，根据饲料剩余情况增减投喂量。

（二）**套养**　　由于六须鲶生长快,只能套养在家鱼成鱼池中,绝不能套养在当年鱼种池中,不然会大量摄食主养鱼种。

1. **套养规格及密度**　　六须鲶在成鱼池中的套养密度应视池中饲料鱼的多寡而定,一般每 0.067 公顷套养 8～15 厘米的六须鲶鱼种 20～40 尾。如池中饲料鱼较少,套养密度不宜超过每 0.067 公顷 20 尾。

2. **生长速度**　　在成鱼池中套养 8～15 厘米的六须鲶鱼种,经过一个周期养殖,成活率可达 95%,平均个体 1 千克左右,最大个体 2.5 千克。

3. **饲养管理**　　六须鲶食量大,排泄物多,在高温季节常使池水耗氧量增高,不利于生长,所以调节水质,控制浮头是六须鲶养殖成功的重要环节。特别是加注不经过滤的江水,一方面能进入野杂鱼,增加饵料源,另一方面又能保持池水清新,含氧量高,促进六须鲶的快速生长。放养密度高的鱼池应配备增氧机,使池水溶氧始终保持在每升 4 毫克以上。

第三节　乌鳢的人工养殖

乌鳢又名黑鱼,是一种广温性鱼类。乌鳢肉味鲜嫩,营养丰富,有较好的药用价值。它对不良水质、水温和缺氧具有很强的适应性。作为一种名优鱼类在池塘养殖已被人们所接受。

一、乌鳢的生物学特性

（一）**形态特征**　　乌鳢体黑色、圆鳞,上有许多斑点很像蝮蛇花纹,头如蛇头,头两边鳃弧上部有"鳃上器",有呼吸空气的本能,口裂大,捕食方便。

（二）**生活习性**　　乌鳢属底栖鱼类,喜居水草丛生的静水或微流水水域中,能在其他鱼类不能生活的环境中生存。水中缺氧,它可以依靠鳃上器在空气中呼吸。即使没有水只要能保持一定的湿度就可以存活 1 周以上。乌鳢跳跃能力很强,成鱼能跃出水面 1.5 米以上,6.6～10 厘米的鱼种能跃离水面 0.3 米以上。因此在池中饲养要注意防逃。

(三)**食性**　乌鳢为凶猛鱼类,纯肉食性且贪食,在食物缺乏时有残食同类的现象。食物的组成随个体的增大而改变。30 毫米以下的幼鱼以浮游甲壳类、桡足类、枝角类及水生昆虫为食。80 毫米以下幼鱼以昆虫、小鱼虾类为食。成鱼阶段主要以银鲫、刺鳅、蛙类为食。成鱼生殖期停食,处于蛰居状态。

(四)**生长与生殖**　乌鳢生长迅速,当年孵化的幼鱼到秋季平均可达 15 厘米,体重 50 克左右,5 龄鱼可达 5 千克左右。在水温 20℃时,乌鳢生长最快。黑龙江乌鳢 3 年性成熟,成熟亲鱼的怀卵量与亲鱼的大小有关,全长 52 厘米的亲鱼怀卵量 3.6 万粒,全长 35 厘米的亲鱼怀卵量为 1 万粒左右。产卵期为 5 月下旬至 6 月末。产卵在水草茂盛的浅水区,亲鱼能在水草中用牙拔草营筑环形鱼巢,产卵受精后亲鱼潜伏在鱼巢下守护。卵为浮性,卵膜薄而透明,当水温 26℃时,36 小时孵出仔鱼。刚孵出的仔鱼全长 3.8～4.3 毫米,侧卧漂浮于水面下,运动微弱,6 毫米时卵黄油球位置变换,鱼苗呈仰卧状态,9 毫米的鱼苗开始摄食。乌鳢有护卵和仔鱼的习性,从卵产出时起至幼鱼达 10 毫米这一阶段,雌雄鱼潜伏其旁守护,防止蛙、鱼类袭击其卵和幼鱼。10 毫米时亲鱼停止对仔鱼的保护。

二、乌鳢的人工繁殖

(一)**亲鱼的鉴别**　在繁殖季节,雌鱼的腹部稍膨大、松软,生殖孔突出,腹部和腹鳍条呈灰白色。雄鱼腹部较小,生殖孔微凹,腹部和腹鳍条呈蓝黑色,胸部有很多斑点。

（二）亲鱼的培育　　乌鳢在自然条件下,性成熟率通常只有 40%～50%。所以在大规模生产鱼种时,必须专塘培育。

在繁殖期前 2～3 个月,选择雌鱼体重 1 000～1 500 克,雄鱼 1 500～2 000 克,体质健壮、个体均匀、性腺发育好的 3 龄左右的乌鳢作亲鱼。

采取驯化投饵,强化培育,分塘饲养的方法,以鲜活小鱼虾、畜禽下脚料为动物性饲料,辅助少量植物性饲料,适当注水和排水,以确保亲鱼性腺的正常发育。

使用脑垂体和绒毛膜促性腺激素进行乌鳢催产。雌鱼 500 克体重用鲤脑垂体 2.5～3 个、绒毛膜促性腺激素 1 000～1 200 个国际单位,雄鱼减半。采取两次胸腔注射法,第一次上午 8 时左右,注射总剂量的 1/3,间隔 12 小时,注射第二针,注射总剂量的 2/3。催产后将雌雄鱼配对放入产卵池。当水温 23～30℃ 时,17～18 小时即能产卵受精。

孵化受精卵黄色、圆形,相互连成片状上浮于水面,可捞出集中于孵化池中或在塑料大盆中。孵化水泥池的规格为 10 米×5 米×0.7 米,1 次可放受精卵 50 万粒,池上应搭棚,避免阳光直射。孵化期间应尽量保持水温恒定,水温 20～22℃,孵化需 45～48 小时;水温 26℃ 时,孵化需 36 小时。60 厘米直径的塑料大盆可放受精卵 5 000～8 000 粒。盆应放在室内,加水 15 厘米深,要控制水温、水量和光照。

三、乌鳢的苗种培育

（一）鱼苗的培育　　刚孵化的鱼苗腹部有膨大的卵黄囊,待卵黄囊吸收后,每天喂两次蛋黄,并投喂一定量的小型浮游动物。2天后即可转入育苗池进行培育。

1. 育苗池　面积 60～100 平方米，水深 60 厘米。育苗池要提前 2 周用生石灰清塘。注水后，施入发酵好的有机肥 100 千克，培养浮游动物。鱼苗下塘前两天全池泼洒豆浆。

2. 鱼苗下塘　按每平方米投放仔鱼 0.5 万尾。开始可投喂人工捕获的轮虫、枝角类、桡足类。尔后靠池内人工施肥、泼洒豆浆培育浮游动物。1 周后，在池内放入一定量的餐条、麦穗鱼、鲫鱼等性成熟的鱼类，靠其自然产卵繁殖鱼苗作饵料鱼。乌鳢鱼苗生长快，驯化过程中，投喂部分野杂鱼和人工合成饲料。鱼苗到了 3 厘米左右即可分池塘培育鱼种。此阶段需 20 天左右。

（二）鱼种培育

1. 鱼种池清塘　用生石灰或漂白粉按常规清塘消毒，并培育好浮游动物。

2. 放养密度　每 0.067 公顷放养 6 万～7 万尾。

3. 投喂　驯化投饵，投部分野杂鱼虾和人工配合饲料。体长 3 厘米乌鳢 500～600 尾每天需 500 克切碎的虾，以后每 5 天增加 250 克。

4. 加强饲料管理　一是鱼苗入池要在清晨上风头处。二是鱼苗必须肥水下塘，以免鱼苗集群窒息死亡。闷热天晚上要及时疏散鱼苗，防止集群。三是经半个月饲养，如发现鱼苗规格不齐，要分池，以防大鱼吃小鱼。四是鱼种培育过程中必须调节好水质。水泥池 1～2 天换 1 次水，土池 7～10 天注 1 次水，每次注 20～30 厘米。要定期泼洒生石灰，浓度为 10～20 ppm。生物调节水质是按每 0.067 公顷放鲢鱼寸片 500 尾，用以摄食浮游植物，控制水质过肥。

乌鳢鱼苗经过 2 个月的培育，体长可达 8～13 厘米，即可作为鱼种放入成鱼池养殖。

四、乌鳢的成鱼养殖

(一)混　养

1. 与鲢、鳙、草等家鱼混养　乌鳢规格要比其他鱼小一半以上。放养时间比主体鱼晚一些。放养量不宜过大,4~4.5厘米的乌鳢每 0.067 公顷放 30~50 尾。日常管理以主养鱼为主,不需为乌鳢投饵,秋季出池每 0.067 公顷可获体重约 0.5千克的乌鳢 20 千克左右。

2. 与罗非鱼混养　池壁上部应设有 1.5 米高的网栏,防鱼跳出。池水深 1.5 米,水中种植水浮莲等水生植物。每0.067 公顷放 10 厘米的乌鳢鱼种 600 尾,饲养过程中分选两次,保持规格一致。池中的罗非鱼,用网圈养在一起,其幼鱼可穿出网外,供乌鳢食用,最终每 0.067 公顷放养密度 150 尾左右,产乌鳢 100 千克以上。

3. 与草、鲢亲鱼套养　在草、鲢亲鱼池套养乌鳢,用乌鳢吃掉亲鱼池中的小鱼虾,避免了投饵的浪费。套养密度为 50克/尾的鱼种每 0.067 公顷放养 15 尾左右,不需专人投喂,即可迅速长大。出池可获乌鳢 10 千克左右。

(二)单　养

1. 池塘要求　面积 0.033~0.1 公顷,水深 1.5 米。池底为泥质,池堤要高出水面 80 厘米,以防乌鳢跳跃逃跑。放养前要晒底,用生石灰彻底清塘消毒,投施有机肥培育水质。

2. 放养规格及密度　投放 3~5 厘米的鱼种每 0.067 公顷 1 500 尾,成活率 70%,成鱼规格 0.5 千克以上,每 0.067公顷产量可达 500 千克以上。

3. 水质要求　水源水量充足,pH 值为中性或微碱性,最好微流水。

4. 投饵　以投喂鲜活小鱼虾、蝌蚪效果最好,投喂数量根据季节和天气情况而定。如投喂人工配合饵料,从夏花驯化开始,中途可加喂活鱼虾。人工饵料要求粗蛋白在40%以上,制成颗粒状。投喂人工饵料可置于竹箩里,吊于水中,日投喂2次,投喂量为鱼体重的5%。

5. 饲养管理　要大小分档饲养,池中要适当养殖一些水生植物,注意调节水质,及时防治鱼病。

第四节　加州鲈鱼的人工养殖

加州鲈鱼又称大黑鲈,淡水鲈鱼,美国鲈鱼等。加州鲈鱼属鲈形目,太阳鱼科,黑鲈属,原产美国密西西比河水系,是一种淡水肉食性鱼类。其肉质细嫩,肌间刺少,味鲜美,营养丰富,深受消费者欢迎。同时它具有生长快,抗病力强,易于饲养及爱上钩等特点,已成为池塘养鱼中的一种优质养殖及游钓品种。

一、加州鲈鱼的生物学特性

(一)形态特征　加州鲈鱼体呈纺锤形,体被细小栉鳞、口裂大,超过眼后缘,颌能伸缩,眼球突出。背部黑绿色,体侧青绿,从吻端至尾鳍基部有排列成带状的黑斑。最大个体约75厘米长,10千克重。

(二)生活习性　加州鲈鱼喜栖息于沙泥底质、不浑浊的静水环境中,生存水温2～34℃,水温20～25℃时,食欲最旺。喜中性水,溶氧低于2毫克/升时,幼鱼出现浮头。它对盐度适应性较广,不但可以在淡水中生活,也可以在淡咸水或咸淡水中生活。

（三）**食性**　加州鲈鱼为肉食性鱼类，刚孵出鱼苗的开口饵料为轮虫和无节幼体，稚鱼以食枝角类为主，幼鱼以食桡足类为主。3.5厘米的幼鱼开始摄食小鱼，在饵料缺乏时，常出现自相残食现象。水温25℃时，幼鱼摄食量达体重的50%，成鱼可达20%，在人工养殖情况下，也摄食配合饲料，当年鱼苗经人工养殖可长至0.5千克以上。

（四）**生殖习性**　加州鲈鱼产卵水温在20～24℃。体重1千克的雌鱼怀卵量为4万～10万粒，卵粘性，脱粘卵为沉性，卵径1.22～1.45毫米，1年之内可多次产卵。繁殖季节，雄鱼会建造或寻找产卵窝。距水面30～40厘米筑好巢后，雄鱼自身分泌一些粘液，使鱼巢周围的水质特别清新，于是雌鱼在雨后阳光照射下与雄鱼一起完成排卵受精过程。

二、加州鲈鱼的人工繁殖

（一）**成熟亲鱼的鉴别和选择**　生殖季节，雌鱼腹部膨大、柔软，卵巢轮廓明显，体色淡白，生殖孔红肿突出，轻压腹部有卵子流出。较为成熟的雄鱼轻压腹部便有乳白色精液流出，并能在水中自然散开。性腺发育成熟的雌雄鱼按1∶1配组，放入产卵池。

（二）**产卵孵化池的条件**　产卵孵化池土池即可，面积以0.033～0.067公顷为宜，池深1.5米左右，水深60～80厘米。光照足，水温较高，池堤坡度要求1∶3，在水下的池坡铺上约10厘米的粗沙，供亲鱼打潭做产卵巢用，水源要清新，要有注排水设施。

（三）**人工催情**

1. 催产剂及用量　每千克亲鱼用鲤脑垂体5～6毫克，或每千克鱼用绒毛膜促性腺激素500～800国际单位，加2～

3 毫克鲤脑垂体混合使用。

2. **注射部位及次数**　胸腔注射。水温 20～24℃,在繁殖早期注射 2 次鲤脑垂体为好。第 1 次注射总量的 1/5,相隔 12～14 小时注射第二次,雌鱼注射第二针时可对雄鱼注射,剂量为雌鱼的 1 半,只注射一次即可。到了繁殖盛期,可采用鲤脑垂体加绒毛膜促性腺激素 1 次注射。

3. **效应时间**　按雌雄比为 1:1,水温 20～24℃,在产卵孵化池中亲鱼 18 小时开始发情,经连续交尾,需 2 天时间才能完成产卵受精全过程。

(四)鱼苗孵化　加州鲈受精卵圆球形,淡黄色,内有金黄色油球,受精卵粘附巢上由雄鱼看护,直至孵出鱼苗。据此特征,加州鲈鱼的受精卵,可以用鱼巢采集在产卵池中静水孵化环道和孵化桶内同家鱼一样进行孵化。加州鲈鱼的受精卵胚胎发育与水温有密切关系,在一定的温度范围内,水温高,需时短,水温低,时间长。水温 22℃左右,孵化时间约需 30 小时以上。

三、加州鲈鱼的苗种培育

(一)苗种池条件　水泥池培育苗种,面积在 20～100 平方米,水深 0.6～0.8 米,有进排水管道。

(二)水质要求　水源可靠,水量充足,pH 值 6～8.5,水质清新。

(三)放养密度　每立方米放仔鱼 1 000～1 500 尾。

(四)饲养管理　刚出膜的仔鱼体近白色,透明,出膜 3 天卵黄囊吸收完,开始摄食。开口饵料可投喂轮虫、水蚤,稍大时投喂摇蚊幼虫、水蚯蚓、小杂鱼等。每隔 7～10 天分档 1 次,以减少自相残食。

(五)土池培育鱼苗

1. **池塘条件** 面积 0.067～0.33 公顷,长方形,底质壤土,最好四周铺一层粗沙,塘深 1.5 米,环境安静。

2. **水质培育** 按常规清塘,施肥,注水等方法培育浮游生物。

3. **鱼苗放养** 当浮游生物量达到高峰时,每 0.067 公顷放鱼苗 4 万～5 万尾。鱼苗下塘后,视水质情况 7 天注新水 10 厘米,使池水清新,透明度在 25 厘米左右。

4. **饲养管理** 饲养过程中当天然饵料不足时,及时投喂人工饲料,如绞碎的新鲜鱼浆,沿池塘四周泼洒。前期日投 4～5 次,后期 3 次。前期投喂鱼体重的 50%,后期投喂鱼体重的 20%,投喂时应视具体情况而定。经过 30 天左右强化培育,加州鲈鱼都可达到夏花以上规格。

四、加州鲈鱼的成鱼养殖

(一)单 养

1. **池塘要求** 面积 0.13～0.2 公顷,水深 1.5～2 米,池底不渗漏,淤泥较浅,鱼种放养前进行常规清塘消毒。清塘后按每 0.067 公顷施有机肥 150～200 千克作基肥,使池水肥、活、爽,大量繁殖天然饵料供鱼苗下塘时食用。

2. **鱼种放养** 当自然水温上升到 18℃ 以上,即可放养。放养规格 3～5 厘米,同池的鱼规格要一致,一般每 0.067 公顷放养 1 200～1 700 尾,池塘条件好的放养量可达 2 000 尾,同时搭配少量的鲢、鳙、鲤、鲫鱼或罗非鱼,以稳定水质。

3. **饲养管理** 成鱼饲养阶段所投饵料主要是切碎的冰鲜低值小杂鱼,由 0.5 厘米宽的小鱼块,逐渐加宽到 1 厘米、1.5 厘米、2 厘米。坚持"四定"投饵,每日两次,保持动物性饵料的鲜活性,投喂人工饲料时粗蛋白在35%以上,要加入成团状粘性饲料。视鱼池大小搭饵料台,避免饲料浪费,可防止水质恶化。要定期分档检查,保持规格一致。要适时加注新水,透明度保持在40厘米,溶氧量超过4毫克/升。同时要按常规养殖,防治鱼病,这样经过4个月的饲养,每0.067公顷产加州鲈鱼可达500千克以上,尾重可达0.5～0.75千克。

(二)混 养

1. **混养池塘要求** 水质清新,水源充足,注排水方便,水温不低于18℃的池塘。

2. **混养规格和数量** 在成鱼池混养时,池内的草鱼、鲢、鳙鱼及鲤、鳊鱼等主养鱼的规格在150克以上。鲫鱼或罗非鱼规格要在10厘米以上,加州鲈鱼的规格为4～5厘米,每0.067公顷放50～80尾,出池时可获0.5千克尾重的鲈鱼40～70千克。

3. **成鱼饲养中的注意事项**

第一,当天然饵料不足时,可适时投喂一些动物性饲料和鲜活小鱼虾。

第二,混养加州鲈鱼可放一定量的罗非鱼或鲫鱼,自然繁殖鱼苗作天然活饵。

第三,控制好池中的溶氧量(加州鲈鱼对水中的溶氧要求比家鱼高),在炎热的夏季或雷雨闷热天气,要及时注入新水。

第五节 鳜鱼的人工养殖

鳜鱼又名鳜花,是我国淡水名贵鱼3花5罗之一。鳜鱼肉质细嫩,味道鲜美,为宴席上珍品,在市场上十分走俏,深受养殖场的重视。

一、鳜鱼的生物学特性

（一）**形态特征**　鳜鱼体侧扁，背部隆起，头呈三角状，口大，端位，口裂倾斜。鳞小，背鳍发达，其前部有几个锋利的硬刺，臀鳍有3根硬刺，尾鳍呈扇圆形。体侧灰黄色，有不规则的大黑斑块，较鲜艳。

（二）**生活习性**　鳜鱼喜居于水的下层，栖息于缓流而有水草丛生的水域，捕食方式是利用伪装的体色在水草中悄悄地游近被食鱼，突然袭击。冬季在大的江河、湖泊的深水中越冬。鳜鱼生长较快，第一年体长可达13.5厘米，第二年为17.6厘米，第三年为23.2厘米，第四年为30厘米。

（三）**生殖习性**　鳜鱼3年性成熟，体长25厘米左右。体长34～37厘米的雌鱼平均怀卵量为7万～9万粒，体长41～42厘米的雌鱼平均怀卵量为16万粒左右。成熟卵径1.35毫米，具有油球，膨胀后卵径2毫米左右，卵为浮性，浮于水的中下层。黑龙江省6月份鳜鱼产卵繁殖，在有流水的地方产卵，此时雄鱼追逐雌鱼。完成产卵受精后，在水温23～25℃时，50小时可自然孵化出鱼苗，刚破卵膜的小苗体长4.2毫米左右。

二、人工繁殖技术

（一）**亲鱼的选择**　要求雌鱼腹部膨大柔软，略有弹性，生殖孔红润，雄鱼能挤出精液，个体重1～3.5千克，3～4龄为好，雌雄比为1：1。鳜亲鱼可混养在家鱼成鱼池中，有利于性腺发育。

（二）**催产剂用量**　催产剂可采用鲤脑垂体和促黄体素释放激素类似物，总剂量为雌鱼每千克体重用促黄体素释放激素类似物30微克，加鲤脑垂体2～3毫克，雄鱼剂量减半。

（三）**催产时间** 北方6月份当水温22～24℃时，即可对成熟亲鱼进行人工催产，注射催产药物。

（四）**人工催产** 亲鱼注射催情药物后1次注射的效应时间为25～28小时，第二次注射效应时间为13～14小时，效应时间已到还不产卵的亲鱼可实施人工授精，授精前要检查亲鱼的成熟度，雌鱼能从生殖孔挤出卵粒，且卵粒饱满，光泽强，分散，颜色为黄绿色或青灰色即已发育成熟，此时要抓紧进行。方法是在脸盆中盛少量水挤入精液后立即挤入成熟卵，边挤边用羽毛搅动，使精卵结合，授精后放入孵化设备人工孵化。

（五）**鱼苗孵化** 受精卵可在四大家鱼孵化环道和孵化缸中孵化。在孵化前受精卵应用5～10 ppm的高锰酸钾溶液浸泡，可起到防止提前脱膜的作用，在每100升水中可放受精卵10万～15万粒，要流水孵化，一般环道水流速度不低于20厘米/秒。脱膜时，注意卵膜糊网。当幼鱼能平行游动时，体内卵黄逐渐消失并能顶流游动时，适当减少流量，以免消耗幼鱼体力。在整个孵化过程中，水流不间断，并需经常洗刷过滤网。

三、鱼苗培育技术

（一）**育苗池的选择** 鱼苗早期最好用孵化环道或孵化缸培育，这些设备水质、水量、流量易于控制，适合鱼苗生长。

（二）**开口饵料的投喂方法** 鳜鱼孵化后4～5天开口摄食，饵料必须是刚出膜未达平游的"白身"鱼苗，可将饵料鱼直接投入环道或孵化缸中，投喂比例为：鳜鱼：饵料鱼＝1：8。

（三）**饵料鱼培育** 可用团头鲂作鳜鱼苗的饵料鱼。团头鲂可晚于鳜鱼两天催产孵化，并且以后每隔2天催产一批，以保证在育苗期内源源不断地供给鳜鱼食用。

(四)注意事项

第一,饵料鱼的适口、及时充足投放,是保证育苗成活率的关键。

第二,无论在环道还是网箱中育苗都要保证水质清新,有一定流速,白天流速慢些,晚上快些,要经常冲洗育苗设备。

第三,育苗阶段注意防病害,要定时用孔雀石绿水溶液进行消毒。

第四,网箱育鳜鱼苗的放养密度,每立方米水体为1万尾左右,网箱育苗每日投饵两次,日投饵量为每尾鳜鱼投5～10尾饵料鱼苗。饵料鱼苗的规格要比鳜鱼苗小。

四、鱼种培育

鳜鱼苗在环道和网箱中经15～20天的培育后体长达2.5厘米左右,即可入鱼种池塘培育,加强管理。①育种面积为0.067～0.2公顷,水深1米,排注水方便,水源水量充足。②鱼苗下池前10～15天,放足饵料鱼苗,每0.067公顷放100万～150万尾,鳜鱼苗为0.067公顷放1万尾。有充足的饵料鱼可以防止鳜鱼苗自相残食。③坚持巡塘,每天定时注入少量新水。④注意观察吃食情况及时投入饵料鱼。⑤及时防治鱼病(如车轮虫病、烂鳃病、出血病等)。

五、成鱼饲养

(一)单养 单一品种养殖鳜鱼,或以主养鳜鱼适当搭养一些草鱼的养殖方式。

1. 池塘条件 池底淤泥少、沙质高,最好有部分水草,面积0.133～0.2公顷,水深1.5米以上,水质良好无污染,注排水方便。鱼种放养前用生石灰按常规进行清塘消毒。5天后注水至所需水位。

2. 鱼种放养 一是直接放养 2～3 厘米长的鳜鱼苗,在放鱼前施足基肥培肥水质,水深 0.8 米,每 0.067 公顷投放刚孵出的鲢鱼、草鱼水花 100 万尾,培育 10 天左右,把池水加深到 1.2 米,第二天 即放鳜鱼苗,放养密度为每 0.067 公顷 1 000 尾,然后水深逐渐加到 1.5 米。二是直接投放大规格鱼种,鱼种规格为体长 10 厘米以上,体重 50 克以上,放养密度为每 0.067 公顷 800 尾左右,成活率可达 90% 以上。

养殖大规格鳜鱼种到秋天,每 0.067 公顷产 0.5 千克左右的商品鱼 350 千克以上。

3. 饵料投喂 每尾鳜鱼的投喂量为 6～8 尾活饵料鱼。投喂饵料鱼的规格为鳜鱼苗体长的一半,品种以没有硬刺(如草鱼、鲢鱼、团头鲂、板黄等)鳜鱼喜食的种类为好。

4. 注意事项

第一,每天早晚巡塘 1 次,日夜值班,发现问题及时处理。

第二,加强水质管理,保持水质清新,防止浮头。

第三,及时防治鱼病,但禁用敌百虫药物。

(二)套 养

1. 家养亲鱼池套养 草、青亲鱼池和鲢、鳙亲鱼池都可套养鳜鱼。应注意的是鳜鱼不耐低氧,因此亲鱼池要经常注新水或用药物改良水质。如池中野杂鱼数量较多可不投饵。每 0.067 公顷投 3～4 厘米长的鳜鱼 15～50 尾。当年体重可达 400 克左右,成活率 40%～80%,每 0.067 公顷产鳜鱼 5～8 千克。

2. 家养成鱼池套养 一种是以吃食鱼(草、青、鲤、鲂、鳊、鲫等)为主的成鱼池套养鳜鱼种,每 0.067 公顷放鳜鱼夏花 50～80 尾,出池可获尾重 350 克鳜鱼 7～12 千克。如果投放尾重 30～50 克鳜鱼种,每 0.067 公顷放 15～25 尾,到秋天可获尾重 550 克的鳜鱼 6～11 千克。这里值得注意的是放鳜鱼前要估算池中野杂鱼数量进而决定鳜鱼苗投放量,为补充鳜鱼饵料的不足适当投放些鲤、鲫鱼苗。另一种是以滤食性鱼(鲢、鳙)为主的成鱼池套养鳜鱼,因池水较肥,要求鱼池面积在 0.33 公顷以上,水深 2 米以上,具备注排水条件和增氧设施。可每 0.067 公顷放鳜鱼夏花 40～60 尾,出池可获尾重300 克的鳜鱼 4～7 千克,如投放尾重 30～50 克的鳜鱼种10～20 尾,出池可获尾重 500 克的鳜鱼 3.5～7 千克。

第六节　鲶鱼的人工养殖

鲶鱼肉质细嫩,营养丰富,加之肌间无刺,老少皆宜,尤其孕妇食用鲶鱼会增加乳汁,为此鲶鱼在市场上走俏,深受人们的青睐。养殖此种鱼的前景非常广阔。

一、鲶鱼的生物学特性

(一)**形态特征**　鲶鱼体细长,头扁平,尾部侧扁,无鳞,全身粘液覆盖,背鳍条少,胸鳍硬刺后缘有坚硬的锯齿,臀鳍很长直达尾鳍,须 2 对,背部和体侧灰绿色或灰黄色,腹部白色。

(二)**生活习性**　鲶鱼为底层鱼类,江河湖泊、水库都有分布。它行动迟缓,不作较远的游动,白天潜伏在深水处,傍晚和夜间潜至岸边草丛中捕食其他鱼类。此鱼不但耐低温而且耐低氧,抗逆性强,生长快,疾病少,生命力强。

(三)**食性**　鲶鱼为肉食性鱼类,仔鱼阶段就能吞食它种鱼苗,饵料缺乏时也自相残杀,成鱼的食物对鱼没有选择性,主要食鲫鱼、雅罗、麦穗鱼等小型野杂鱼,产卵后食欲极为旺盛。

（四）**生殖习性**　在黑龙江省鲶鱼的产卵期为 6 月上旬至 7 月底，视水位涨落而提前或拖后。体长约 30 厘米性成熟，卵常产于岸边水草上。当水温 17～20℃时，受精卵在 90～96 小时（4 天）孵出鱼苗。鲶鱼怀卵量随体长而异，一般为 1.5 万～8.2 万粒，卵色为淡绿色，粘性卵，在自然环境中，成熟亲鱼集群游到被水淹没的浅滩有水草的地方，一般黎明时产卵，1 尾雌鲶需几次产卵，才能将卵全部产出。

二、人工繁殖技术

（一）**成熟亲鱼的鉴别**　生殖季节鲶鱼体色为黄绿色，可以认为是一种"婚姻色"。雌鱼腹部膨大，生殖孔红肿，生殖突钝圆，腹鳍第一硬刺后缘较光滑，轻压腹部能挤出卵粒；雄鱼腹部狭小，生殖突细尖，轻压腹部能挤出少量的白色精液。

（二）**催产剂种类**　用于鲶鱼人工催产的药物有：脑垂体、绒毛膜促性腺激素、促黄体素释放激素类似物。催产效果最好的是脑垂体加绒毛膜促性腺激素，产卵率可达 95%。

（三）**催情方法**

1. 催产时间　在 5～6 月份，水温升至 17～20℃时即可催情。

2. 催产剂用量　雌鱼每千克体重注射脑垂体 3 毫克加绒毛膜促性腺激素 2 000 单位，雄鱼减半。

3. 注射部位及效应时间　肌内 1 次注射，注射部位在背鳍前端下 1 厘米两侧肌肉处。效应时间 10～12 小时。亲鱼注射后按 1：1 配组，放入产卵池内。

三、鱼苗孵化与培育

产卵后速将卵巢取出，防止亲鱼自食其卵。鱼苗孵出至平游需 3 天时间，3 天后开始觅食。鱼苗的食性与鲤科鱼类相似，主要摄食轮虫、枝角类等，鲶鱼在仔鱼阶段就很贪食，因此，生长速度很快。

（一）孵化池　可用水泥池，也可用网箱或塑料薄膜做成的池子，在土池中孵化也可。

（二）放卵密度　水位保持在 30～50 厘米，卵的密度为 3 万～4 万粒/米^2，如有注排水设备，卵的密度可加大，土池每 0.067 公顷放卵 20 万～25 万粒。

（三）孵化管理　①孵化阶段要保持水中较高的溶解氧，一般要达到 5～6 毫克/升，pH 值 6.8～8。②卵巢应离注水口稍远一些。③土池培育苗，出膜后开始肥水，每 0.067 公顷 1 次施化肥 3.5 千克，并每天泼豆浆（黄豆干重 3.5 千克）培育轮虫和枝角类，供鱼苗食用。

（四）水泥池培育鱼苗　待鱼苗平游后，将空的卵巢取出，并要充分抖动卵巢，防止带出粘在卵巢上的鱼苗。对池水要严格控制，每天换注新水 1/3 以上，出膜 3 天后每万尾鱼苗每天喂一个蛋黄，分早午晚 3 次投喂。约 3 天后改喂虹鳟稚鱼开口饵料（含粗蛋白 50%），每天 4 次，以 1 小时吃光为宜。还需要加喂水蚤等动物性补充饵料。做好以上几点，鱼苗至夏花成活率可达 50%～60%。

四、鱼种培育

（一）单一驯化培育

1. 池塘条件　以 0.033 公顷左右的小池塘为宜，并有多个小水泥池以便筛选分池。

2. 放养密度　每 0.067 公顷放鲶鱼苗 1 万尾。

3. 饲养管理　投足饵料,防止互相残食。投喂人工饵料要制成颗粒,含粗蛋白 40%,并加一定量的无机盐和复合维生素,也可投喂含粗蛋白 30% 的颗粒饵料并搭配猪血、猪肺、野杂鱼浆等,饵料系数 2.6 左右。鱼种成活率可达 60%。

(二)家鱼成鱼池套养鲶鱼种

1. 套养密度　每 0.067 公顷 30～50 尾。

2. 管理方法　不必投喂饲料,以池中野杂鱼为饵,只管理主养鱼即可,当年鲶鱼可达商品鱼规格,平均尾重 0.25 千克。

(三)花白鲢苗种池套养鲶鱼夏花

1. 鱼池面积　为 0.33 公顷左右。

2. 投放苗种数量　花白鲢夏花每 0.067 公顷放 3 000 尾,鲶鱼夏花每 0.067 公顷放 400～500 尾。

3. 饲养方法　花白鲢以肥水为主,鲶鱼以投喂豆饼、糠麸、玉米面和少量野杂鱼为食。出池鱼种成活率可达 60%,平均体重达 150 克左右,为提高鲶鱼成活率应适当配置增氧机。

五、成鱼养殖

北方高寒地区,池塘主养鲶鱼高产模式:

(一)池塘条件　面积为 0.53 公顷左右,可利用常规养鱼池塘。

(二)水质要求　水源充足,无毒无味、无污染,pH 值 6.5～7.5,放鱼前 7～10 天,每 0.067 公顷用生石灰 100～150 千克清塘,水深 1 米左右。

(三)投放鱼种品种及数量　每 0.067 公顷放鲶鱼种 600

尾,40 千克左右;或放鲤鱼春片 50 尾,4 千克;或放鲢、鳙鱼 60 尾(鲢:鳙=3:1)4.5 千克。

(四)投饵种类及数量 以喂鲶鱼为主,鲢、鳙鱼不投饵。鲶鱼饵料为鸡肠子、鸡下脚料,用小型电动绞肉机粉碎后投喂。定点驯化投喂,投饵时先发出声响,诱鱼集中,然后用瓢以扇形泼洒,使鱼集群上浮抢食。投喂次数:每天早晚各 1 次,每次 50～60 分钟,保证饵料充足,鱼吃饱。

(五)日常管理 调节好水质,每 10 天加新水 1 次,7 月末加至最高水位 2 米。注意防病,鱼种入池前要用 3%～5% 的食盐水和 1% 的小苏打混合液浸洗 5～10 分钟。每 15 天每 0.067 公顷用 15～20 千克的生石灰全池泼洒 1 次。早晚巡塘防逃防盗。经过 4 个月的养殖,每 0.067 公顷池塘平均产尾重 0.5～1 千克的鲶鱼 400 千克,搭配品种规格 0.5 千克,成活率 90% 以上。

第七节　泥鳅的人工养殖

泥鳅肉质细嫩,营养丰富,是著名的滋补食品之一。民间用泥鳅治疗肝炎、小儿盗汗、皮肤瘙痒、腹水等病。泥鳅在国际国内都属畅销水产品。它对环境适应能力极强,适宜在坑塘、稻田、河沟、庭院饲养。

一、泥鳅的生物学特性

(一)形态特征 泥鳅体型细长。前段略呈圆筒形,体色灰黑色,腹部白色或浅黄色,体侧有许许多多小的黑色斑点。头尖吻部向前突出,口小、下位,眼小、上侧位,须 5 对,其中吻须一对,上颌和下颌各二对。

（二）习 性

1. 生活习性 泥鳅多栖息于静水或微流水的底层及有腐烂的植物淤泥的表层。喜中性或酸性泥土。泥鳅属温水性鱼类，最适生长水温 24～28℃，5℃以下钻入泥水深处冬眠。

泥鳅能正常用鳃呼吸，还能利用肠壁和皮肤呼吸，一旦遇到水中溶氧量不足，就浮出水面，肠呼吸可占全部呼吸量的 1/2。

2. 食性 泥鳅是杂食性鱼类，在自然界中生活的泥鳅可食水蚤、水丝蚓、水草及水中泥中的微生物。在人工饲养条件下，也可摄食各种人工饲料。泥鳅在幼苗阶段摄食动物性饵料，成鱼则以植物饲料为主。水温对其食欲有一定影响，水温 15℃时，食欲增加；水温 24～27℃时，食欲特别旺盛；水温超过 30℃时，食欲减退。泥鳅平时夜间摄食，生殖期白天摄食。雌鳅食量大于雄鳅。

二、泥鳅的人工繁殖

（一）成熟亲鱼的培育

1. 亲鱼的选择 泥鳅 2 龄性成熟，用于繁殖的亲鱼最好达 3 龄以上，要求雌鳅体长 20 厘米以上，体重 12 克以上，腹部膨大饱满，能看到卵巢轮廓。雄鱼体长在 10 厘米以上，体质健壮，性腺发育良好。雌雄亲鳅比例为 2：1，分开培育。

2. 亲鱼培育 采取驯化投饵的方法，强化培育亲鳅。主要投喂鱼粉、猪血粉及剁碎的动物内脏等饲料，辅助少量米糠、麸皮、豆渣、蔬菜屑等植物性饲料。注意水质调节，确保亲鱼性腺的发育。

3. 成熟卵的鉴别 轻压雌鱼腹部即可排出卵粒。卵呈米黄色，半透明，有粘着力为成熟好的卵。轻压雄鱼腹部即有乳白色精液排出,属成熟好的雄鱼。

(二)催情与孵化

1. 人工催情时间　在北方应于 5 月中旬,水温升至 18℃左右时催情。

2. 催情剂用量　每尾雌鳅用鲤鱼或鲫鱼脑垂体一个或绒毛膜促性腺激素 300～400 国际单位。雄鳅用量减半。做法是把所需的脑垂体或激素配在一定量的林格氏液(在 1 升蒸馏水中溶入氯化钠 7.5 克、氯化钾 0.2 克、氯化钙 0.4 克)中。每尾雌鳅注射脑垂体 0.1 毫升,或激素 0.2 毫升。亲鱼注射后,雌雄按 1∶1 配组放入产卵池内。

3. 人工催情操作技术　因泥鳅体表粘液多,身体滑,注射催情药物前要对泥鳅进行处理。一是用可卡因 0.1 克溶于 50 升水中配成麻醉液,泥鳅在麻醉液中经 2～3 分钟被麻醉后注射催情。二是用毛巾将泥鳅包住掀开毛巾一角,使泥鳅肚皮露出,在腹鳍前约 1 厘米处避开正中线部位,从后向前入针,针刺要防止刺伤内脏,动作迅速、准确。注射时间一般选在傍晚,从注射到顺利产卵,水温 20℃时效应时间为 15 小时。

4. 孵化　人工催情后,14～18 小时内,进行人工授精,授精后卵粘着在鱼巢上,鱼巢可以放在不同的容器中孵化。孵化水深为 10～25 厘米,静水流水都可以,但要保持水质清新。因受精卵的粘着力弱,容易脱落,所以应防止孵化用水急剧冲刷波动,水流量的大小在孵化池内以不冲走仔鱼为准,在孵化缸内和孵化槽内以能使卵翻动为好。静水孵化每天要换水两次,孵化量以每 10 升水中放入 5 000 粒受精卵为最佳。在水温 19～23℃时多数受精卵经 26 小时左右即可全部孵出鱼苗。3 天后,卵黄囊消失时,及时转入池塘中饲养。

三、鱼苗培育

（一）**培育池**　泥鳅善钻洞逃逸，因而鱼池面积要小些，以30～50平方米为宜。最好是土池，底泥稍厚一些，水泥池底要铺一些腐殖质或10～15厘米肥泥。进出水口要安装拦鱼设施，水深保持20厘米。要挖鱼溜，面积占5%，水深40厘米。

（二）**放养量**　体长3毫米的仔鱼，在水深30厘米的池中，每平方米投放2 000～4 000尾。体长1厘米的鱼种在水深30厘米、面积50平方米的池中，静水放养量以每平方米1 000尾左右为宜，流水可适量增加。由于泥鳅有大吃小的习性，因而同池放养规格必须一致。

（三）**饲喂**　刚分池育种的泥鳅苗，继续投喂熟蛋黄水，每天3～4次，每次每万尾投喂1/4个，10天后体长达1厘米的泥鳅苗可投喂少量豆浆，也可肥水养殖。随着鱼种的长大，可以逐渐投喂少量的豆浆，也可逐渐投喂煮熟的米糠、麦麸、豆饼粉、菜浆等饵料，投喂量为体重的3%～5%

（四）**越冬**　冬季水温下降到10℃时鱼种停食，水温下降到5℃时进行冬眠，越冬池封冰前水深应保持在2米以上。鱼种的越冬密度为每立方米水体0.75千克。

四、成鳅养殖

（一）**池塘**　水深30～50厘米，面积以100～150平方米为宜，注排水口设两层网栏防逃。用水泥池饲养，池底应铺20～30厘米土。

（二）**放养密度**　体长3厘米左右的鱼种，在水深40厘米的池中每平方米放0.1～0.2千克，即30～50尾。

（三）**饵料选择**　泥鳅对鱼肉特别爱吃，如果连续1周投喂单一高蛋白饲料,就会导致泥鳅在池中集群,并引起肠呼吸次数增加,使鱼大量死亡,因此应注意将高蛋白质饲料和纤维质饲料配合投喂。

(四)投饵量 水温 15℃时,投饵量为体重的 2%,随水温升高而逐步增加至 10%～15%。饵料应做成块状或团状的粘性饵,置于盘中,沉到离池底 3～5 厘米处。

(五)防逃 如有新鲜水流入池中,泥鳅就逆水流逃跑,因此雨天要注意堵塞漏洞。

(六)产量 经过 4 个月的饲养,每平方米成鳅产量可达500～800 克,折合每 0.067 公顷产 350～500 千克。

第八节 美国大口胭脂鱼的人工养殖

大口胭脂鱼原产于美国密西西比河水系,又名牛鲤,属巨口胭脂鲤属,鲤形目,胭脂鱼科。此鱼具有个体大、生长快、耐低氧、饲料成本低、易捕捞、肉质细嫩等优点。适合池塘、水库、河流养殖。我国 1993 年由湖北等地水产科研推广部门引进,并获得人工繁殖成功。相继在上海、北京、新疆、黑龙江等地饲养鱼种,都获得了较好效果。

一、大口胭脂鱼的生物学特性

(一)形态特征 大口胭脂鱼外形与生活习性均与鲤鱼相似,但个体较大,故称其为牛鲤。大口胭脂鱼体呈纺锤形,身被较大鳞片,头部橄榄色,侧线上部褐绿色,后下部呈青绿色,腹部白色,成熟个体婚姻色较明显,色泽鲜艳。

(二)生长 大口胭脂鱼生长速度较快,个体也较大。原产地最大个体 45 千克以上。我国试养情况表明,在适宜条件下养殖,当年个体一般在 500 克左右,第二年可达 700～1 500 克,第三年可达 2 500 克。

（三）**生活习性**　此鱼属底层鱼类,一般情况下活动于水域的下层,只有在摄食时才会游到水面或水域中上层。生存水温范围 0～42℃,最适水温为 18～32℃,一般 15℃以上才开口摄食。

（四）**食性**　在自然条件下,此鱼主要摄食浮游动物兼底栖动物,在人工饲养条件下,除摄食浮游动物外,也能摄食配合颗粒饲料,甚至完全摄食人工配合饲料。

（五）**繁殖习性**　此鱼性成熟年龄为 2～3 龄,成熟个体重一般 1 千克以上。繁殖水温为 18～32℃,性成熟个体婚姻色明显。总体上看,繁殖习性与鲤鱼基本相同。

二、人工繁殖与强化培育

（一）**亲鱼的选择**　人工繁殖用亲鱼应 3 龄以上,最好是 4～5 龄,因其个体较大怀卵量高,活力强,可保证后代的优良性状。选留的亲鱼,除身体强壮、无病无伤、活力强外,还要看婚姻色是否明显。雌雄比例一般为 2～3∶1。

（二）**强化培育**　目的是获得优质鱼卵,促进性腺早熟。强化培育可在室外土池进行,时间是从繁殖季节来临前一个半月开始,主要是保持良好的水质,每天投喂 2 次优质饲料,保证饲料充足,饲料中的蛋白质含量应在 32％左右,且营养均衡,适量添加各种维生素与无机盐。每天的投饵量因水温气温变化及鱼体大小和摄食情况而定,一般为体重的 5％左右。

（三）**产卵与孵化**

1. 产卵与采卵　获得受精卵的方式有两种,一是自然产卵,二是人工采卵。自然产卵,一般在室内水泥池中进行,当繁殖季节来临时,选择好亲鱼移到室内水泥池中饲养。每天投喂一定量的优质饲料,每个水泥池一般为 6～10 平方米,深 1.5 米左右,一端进水,另一端上端设一出水口,从而形成流水条件,进水口和出水口均有筛绢网护栏,防止产出的卵随水流失。一般每池中放亲鱼一组,即 3～4 尾,每天夜间及清晨要查看有无产卵。发现产卵后应及时用密目网箱将受精卵收集起来,检查受精及质量情况,计数后移到孵化池孵化。人工采卵,是人工检查亲鱼成熟情况,确认成熟后,采取挤压的方式获得的卵,并经人工授精后进行孵化。

2. 人工孵化　与鲤鱼人工孵化基本相同,开始产卵繁殖的水温为 18℃,最好采用环道流水孵化,具体操作可参照鲤鱼做法。

三、人工育苗技术

(一)在池塘中人工育苗　池塘面积 0.2～0.33 公顷,水深 0.6 米左右,在鱼苗下塘前半个月彻底清塘消毒。用生石灰清塘时每 0.067 公顷用量 75 千克,待药效消失后,放水 30 厘米并施有机肥 500 千克肥水,待浮游生物大量繁殖时,选择晴好天气,每 0.067 公顷放仔鱼苗 10 万尾。鱼苗下塘后,每 7～10 天提高水位 5～10 厘米,直到 60 厘米为止,约 20 天,鱼苗可长到 2～3 厘米。

(二)乌仔培育至夏花期间的管理

1. 缓苗　从南方运来的仔鱼或稚鱼,由于运输时间长必须进行缓苗,首先把鱼苗袋整个放入池水中浸泡 15 分钟,待池水与袋中水温基本相近,打开袋口,把鱼苗倒入网箱内。待鱼苗活泼游动后,饱食下塘。

2. 放养密度　每 0.067 公顷放乌仔 5 万～6 万尾。

3. 投喂　由于胭脂鱼主食浮游动物,故采用有机肥加豆浆混合培育法,每 0.067 公顷每天投喂 5～6 千克黄豆磨成的浆,分早晚两次投喂,第一周用豆浆,以后逐渐改用豆渣、麦麸等。

4. 追肥　为防止池中天然饵料不足,还要适时追肥,每隔 5～7 天每 0.067 公顷施有机肥 100 千克。

5. 分期注水　每隔 3～5 天加新水 10 厘米,注水时用密网过滤,防止野杂鱼和害虫进入鱼池,同时避免水流直接冲入池底,把水搅混。

6. 早晚巡塘　观察鱼的摄食和活动情况,发现病害及时治疗和清除。

7. 拉网锻炼　待鱼长至 3 厘米时,选择上午 10 时左右,拉网锻炼 2 次,然后出池分塘。

(三)夏花到鱼种期间的管理

1. 放养密度　每 0.067 公顷放夏花 4 000～6 000 尾。

2. 饲料台的设置　在鱼苗池向阳岸边中部,搭建一个桥式饲料台,伸入池中 3 米,便于投喂。

3. 驯化　待鱼长到 5～6 厘米时,开始驯化。美国大口胭脂鱼抢食能力弱于鲤,但强于鲢、鳙,驯化难度大于鲤鱼。驯化前期不要施肥,要清水下塘,每天投喂 3～4 次,每次 40 分钟为宜,以多数鱼吃饱散开为止。

4. 水质调节　每 7～10 天,加注新水 1 次,每次注水 10～15 厘米,池水透明度保持在 25～35 厘米为宜。

5. 鱼病防治　每隔半个月用 20 ppm 石灰水全池泼洒 1 次,同时鱼种消毒,定期投药饵,主要预防细菌性出血病、水霉病和烂鳃病。

经 4 个月的饲养,个体可达 150～200 克,每 0.067 公顷产量可达 500 千克以上。美国大口胭脂鱼在我国北方完全可在室外越冬。

大口胭脂鱼成鱼饲养请参照鲤鱼成鱼养殖技术操作。

第五章　主要养殖鱼类的营养需要及饲料选择

　　鱼类是终生生活在水中,用鳃呼吸的变温低等脊椎动物。它们和陆生动物一样,必须不断地从饲料中摄取蛋白质、脂肪、糖类、无机盐、维生素等营养物质,来满足自身维持生命、生长、繁殖的需要.同时鱼类生理特点决定了它的营养特点和陆生动物又有一定区别。如:鱼类不需要维持恒定体温,体温比环境温度高 0.5℃左右,所需能量为陆生动物的50%～67%。鱼类可以直接用鳃、皮肤吸收水中的无机盐。鱼类要求饲料含有较高的蛋白质,饲料中蛋白质的含量一般为畜禽的2～4 倍.鱼对糖类利用较差.鱼的消化道简单,肠道内细菌的种类和数量较少,因而肠道合成维生素相对较少。近年来,随着集约化养殖技术的推广,饲料成本已占经营成本的一半以上,因此,只有充分了解鱼类对各种营养物质的需要量,才能科学经济地设计鱼用饲料配方和生产饲料,以达到降低成本和提高经济效益的目的,从而促进水产养殖业的持续、健康发展。

第一节 鱼类的营养需要

一、蛋白质

蛋白质是构成生命的基础物质,是由氨基酸组成的含氮高分子化合物。饲料蛋白质被鱼体摄食后,必须于鱼的消化道中在各种消化酶的作用下,分解成氨基酸后才能被鱼体吸收利用。氨基酸构成决定了蛋白质的质量。已经证明,鱼类的必需氨基酸有赖氨酸、蛋氨酸、苯丙氨酸、异亮氨酸、亮氨酸、苏氨酸、色氨酸、缬氨酸、精氨酸和组氨酸 10 种。不同种鱼要求蛋白质中各种必需氨基酸所占的比例不同,如果饲料蛋白质中 10 种必需氨基酸的含量和比例与鱼类的需求相一致,则称为平衡蛋白质,如果某种或几种必需氨基酸含量不足,就会限制其他氨基酸的利用。必需氨基酸不足,不仅会使鱼生长缓慢,而且还可以诱发某些疾病,如蛋氨酸和色氨酸缺乏,可使鱼患白内障。在 10 种必需氨基酸中,赖氨酸和蛋氨酸是鱼的限制性氨基酸。

鱼类对饲料中蛋白质和氨基酸含量的要求受鱼类种类、年龄、规格以及生活水域生态条件的影响,我国主要养殖鱼类的蛋白质和氨基酸的需要量,可以参考表 5-1 和表 5-2。

表 5-1　主要养殖鱼类饲料蛋白最适含量参考表（％）

养殖鱼类	苗龄培育期	种龄培育期	食用龄培育期
鲤　鱼	40～45	35～40	30～35
青　鱼	40	35	30
草　鱼	32	25～27	22～25
团头鲂	34	30	25～30
鲫　鱼	40	35	30
罗非鱼	40	35～38	30
虹　鳟	45	40～45	28～35
鲮　鱼	40	36～38	32
美国沟鲶	35～40	30～35	28～35
鳗　鲡	48～50	45	41

表 5-2　几种鱼类饲料中必需氨基酸占蛋白质的比例（％）

鱼　名	饲料中蛋白蛋含量	必需氨基酸									
		精氨酸	组氨酸	异亮氨酸	亮氨酸	赖氨酸	蛋氨酸	苯丙氨酸	苏氨酸	色氨酸	缬氨酸
鲤　鱼	38.5	1.60	0.80	1.50	2.0	2.00	1.90	2.20	1.50	0.30	1.40
青　鱼	40.0	2.70	1.00	0.80	2.4	2.40	1.10	0.80	1.30	1.00	2.10
草　鱼	28.0	1.40	0.50	0.80	1.5	1.58	0.75	1.58	0.80	0.09	0.98
团头鲂	30.0	2.06	0.61	1.43	2.1	1.92	0.62	1.35	1.39	0.20	1.51

（据李爱杰的资料整理）

　　由表 5-1 可以看出,肉食性鱼类要求饲料蛋白质含量高,一般在 40％以上,杂食性鱼类要求较低,一般为 30％～40％,草食性鱼类最低为 30％以下。同时又和鱼的年龄关系很大,仔鱼、幼鱼生长旺盛对蛋白质要求高,成鱼生长慢对蛋白质要求低。

二、脂　肪

脂肪是鱼类最为重要的能量来源,它所产生的能量是蛋白质和糖类的 2.5 倍,又是脂溶性维生素的溶剂,也是细胞的组成成分,特别是能供给鱼体必需脂肪酸。必需脂肪酸在鱼体内不能合成,必须由饲料提供,缺乏它会引起鱼代谢紊乱,营养障碍,生长停滞,体弱多病。鱼类中不可缺少的不饱和脂肪酸是十八碳二烯酸(亚油酸)、十八碳三烯酸(亚麻酸)和二十碳四烯酸(花生四烯酸)。

鱼类对脂肪有特殊的利用能力,其利用率可达 90% 以上。不同鱼种对饲料中脂肪需要量也是不同的,同时也受环境的影响,一般鱼饲料中应含 4%～18% 的脂肪,并且水温高时脂肪含量要高一些。反之则低一些,如温度低于 23℃ 鲤鱼饲料脂肪含量为 8%～10%,水温高于 23℃ 为 10%～15%,但脂肪过量,如肝脏中脂肪积聚过多等会引起鱼体不适。草鱼饲料中脂肪含量控制在 3%～8%,鲤鱼为 4%～15%,团头鲂为 2%～5%,尼罗罗非鱼为 5%～9%,其他肉食性鱼类饲料中脂肪含量也在 5%～8% 之间。

三、糖　类

糖类是鱼类生长所必需的一类营养物质,摄入量不足,则饲料的利用率下降,鱼代谢紊乱,鱼体减瘦。摄入量过多,超过鱼对糖的利用能力限度,多余部分则合成脂肪,长期摄入过多的糖,会导致脂肪肝,使肝功能减弱,解毒力下降,鱼体呈肥胖型。

鱼类对糖类的利用因鱼的种类、食性不同而有很大差别。

如草鱼由于长期摄食含糖类高的食物,因此它对饲料中糖类适应能力强,饲料中糖类含量高达 40％以上;杂食性鱼类对饲料中糖类适应范围在 30％～40％;肉食性鱼类对糖类的适应能力较差,一般要求饲料中糖类的含量在 20％以下。

鱼类对糖类的利用能力随糖类的种类而不同,以单糖最高,其次是麦芽糖、半乳糖、蔗糖、糊精和淀粉,利用率最差的是半纤维素和纤维素。由于大分子的纤维素几乎不能为大多数鱼类消化吸收,因此一般鱼类饲料中的粗纤维含量限制在一定范围之内,对草食性的草鱼及团头鲂,饲料中粗纤维的含量不宜超过 17％,杂食性的鲤鱼不宜超过 12％,而肉食性鱼类不宜超过 8％。

四、维 生 素

维生素是鱼体内物质代谢中必不可少的特殊营养物质。它既不是构成机体结构的物质,又不能提供能源,但参与新陈代谢的调节,控制鱼的生长发育过程,提高机体的抗病力。

维生素分为脂溶性维生素和水溶性维生素两大类。维生素 A、维生素 D、维生素 E、维生素 K 属于脂溶性维生素,伴随脂肪而被吸收,并且可以贮存在鱼体脂肪内,在鱼体内不能合成。维生素 B_1、维生素 B_2、维生素 B_6、泛酸、烟酸、生物素、叶酸、维生素 B_{12}、胆碱、肌醇、维生素 C 属于水溶性维生素,它们不能在体内贮存,所以需要不断地从饲料中供给。

维生素在动物体内含量虽然很少,但是必不可少。缺乏维生素的鱼会患各种疾病。缺少维生素 A,会降低对传染病的抵抗力,致使水肿,肾出血,影响生长等;缺少维生素 D_3,影响鱼类骨骼钙化,并引起维生素 A、不饱和脂肪酸氧化,导致其他疾病发生;缺少维生素 K,血液不易凝固,产生内出血;缺少维

生素 B_1，造成鱼体畸形，神经炎，消化系统紊乱；缺少维生素 B_6，产生水肿、皮炎、眼球突出、运动失常，增重减慢；缺少维生素 C 影响骨骼发育及生长；缺少烟酸，则产生贫血，消化道障碍，神经功能受阻；缺少胆碱，脂肪代谢受阻，患脂肪肝。我国主要养殖鱼类的维生素需要量可参考表 5-3。

表 5-3　几种养殖鱼类的维生素需要量

维生素	青　　鱼			鲤　鱼	团头鲂	草　　鱼		
	当年鱼种	一冬龄	二冬龄	一冬龄	二冬龄	当年鱼种	一冬龄	二冬龄
维生素 B_1(毫克)	5.0	5.0	5.0	5.0	20.0	20.0	20.0	20.0
维生素 B_2(毫克)	10.0	10.0	10.0	10.0	10.0	10.0	10.0	10.0
维生素 B_6(毫克)	20.0	20.0	20.0	20.0	10.0	10.0	10.0	10.0
烟　酸(毫克)	50.0	50.0	50.0	50.0	50.0	50.0	50.0	50.0
泛酸钙(毫克)	20.0	20.0	20.0	20.0	20.0	20.0	20.0	20.0
叶　酸(毫克)	1.0	1.0	1.0	1.0	1.0	1.0	1.0	1.0
氯化胆碱(毫克)	500	500	500	500	500	500	500	500
抗坏血酸(毫克)	50.0	50.0	50.0	50.0	50.0	50.0	50.0	50.0
维生素 B_{12}(毫克)	0.01	0.01	0.01	0.01	0.01	0.01	0.01	0.01
维生素 A(单位)	5000	5000	5000	5000	5000	5000	5000	5000
维生素 D(单位)	1000	1000	1000	1000	1000	1000	1000	1000
维生素 E(单位)	10.0	10.0	10.0	10.0	10.0	10.0	10.0	10.0
维生素 K(单位)	3.0	3.0	3.0	3.0	3.0	3.0	3.0	3.0

注：按每千克饲料中的含量计算

五、无　机　盐

　　无机盐是鱼类身体的主要组成部分，也是酶系统的催化剂，在体液内作为离子存在，与渗透压和 pH 值调节有关，有促进生物生长的生理功能。根据无机盐在体内含量不同，可分为常量元素和微量元素两大类。钙、磷、钠、氯、镁、钾、硫等,在动物体内占动物体重的 0.01％以上,称为常量元素。铁、铜、锌、碘、锰、氟、铬、钼、硒等,在动物体内占动物体重的 0.01％以下,称为微量元素。淡水鱼类可以通过体表、鳃、鳍等途径吸收水中无机盐,但吸收的量非常有限,必须从饲料中补充。关于鱼类无机盐的需要量可参考表 5-4。

表 5-4　鱼类每千克饲料中无机盐的需要量

名　称	需要量	名　称	需要量	名　称	需要量
钙(Ca)	5 克	氯(Cl)	1～5 克	碘(I)	100～300 微克
磷(P)	7 克	铁(Fe)	50～170 毫克	钼(Mo)	极微量
镁(Mg)	500 毫克	铜(Cu)	1～4 毫克	铬(Cr)	极微量
钠(Na)	1～3 克	锰(Mn)	13～50 毫克	氟(F)	极微量
钾(K)	1～3 克	钴(Co)	微量	硒(Se)	极微量
硫(S)	3～5 克	锌(Zn)	30～100 毫克		

(引自吴遵霖)

当饲料中无机盐缺乏时,鱼会产生代谢障碍从而影响正常的生长发育。缺乏钙,骨骼发育受阻;缺少磷,鲤鱼头盖骨和鳃盖畸形;缺少钾,鱼体内渗透压失去平衡;缺少镁,骨骼系统和糖代谢、蛋白质代谢受影响;缺乏锰,骨骼系统与新陈代谢受影响;缺乏碘,甲状腺肿大,基础代谢下降;缺乏钴,鱼食欲不良,生长停止;缺少钼,胚胎发育受阻;缺少硒,性机能受影响。

第二节　鱼用饲料原料

饲料是饲养动物的物质基础,它的原料绝大部分来自植物,部分来自动物、无机盐和微生物。根据国际饲料分类法,饲料原料可以分成八大类,具体分类法如表 5-5 所示。

表 5-5　国际饲料分类法

类　别	编　码	条　件　及　主　要　种　类
粗饲料	100000	粗纤维占饲料干重 18% 以上者,如干草类,农作物秸秆
青绿饲料	200000	天然水分在 60% 以上的青绿植物,树叶及非淀粉质的根茎、瓜果,不考虑其折干后的粗蛋白和粗纤维含量
青贮饲料	300000	用新鲜的天然植物性饲料调制成的青贮料,及加有适量的糠麸或其他添加物的青贮料,及水分在 45%~55% 的低水分青贮料
能量饲料	400000	饲料干物质粗蛋白小于 20%,粗纤维小于 18% 者,如谷实类、麸皮、草籽、树实类及淀粉质的根茎瓜果类
蛋白质饲料	500000	饲料干物质中粗蛋白大于 20%,粗纤维小于 18% 者,如动物性饲料、豆类饼粕类及其他
无机盐饲料	600000	包括工业合成的、天然的单一无机盐饲料,多种无机盐混合的无机盐饲料及加有载体或稀释剂的无机盐添加剂
维生素饲料	700000	指工业合成或提取的单一维生素或复合维生素,但不包括含某种维生素较多的天然饲料
非营养性添加剂	800000	不包括矿质元素、维生素、氨基酸等营养物质在内的所有添加剂,其作用不是为动物提供营养物质,而是起着帮助营养物质消化吸收、刺激动物生长、保护饲料品质、改善饲料利用和水产品质量的作用物质

(Harris 1963)

一、蛋白质饲料

蛋白质饲料按其来源可分为植物性蛋白质饲料,动物性蛋白质饲料和单细胞蛋白饲料。

(一)植物性蛋白质饲料

1. 豆科籽实　它们的共同特点是蛋白质含量高(20%~

40%），蛋白质品质较好（赖氨酸含量较高），而糖类含量较谷实类低。其中大豆糖类含量仅 28% 左右，蚕豆、豌豆含糖量（淀粉）较高，为 57%～63%。此外豆科籽实维生素含量丰富，磷的含量也较高。但豆科籽实均含有一些抗营养因子或毒素，需要加热处理使其灭活。豆科籽实赖氨酸含量丰富，但蛋氨酸含量较低，因此在使用时宜与其他蛋白质饲料搭配。这类饲料中磷含量虽较高，但 2/3 以上均是以植酸磷的形式存在，有效磷仍显不足。

2. 油饼、油粕类 油饼、油粕类是油料籽实及其他含脂量较高的植物籽实提取油脂后的残余部分。在我国资源量较大的有大豆饼粕、棉籽饼粕、花生饼粕等。其蛋白质含量高，且残留一定的油脂，因而营养价值较高。

（1）豆饼、豆粕：豆粕是大豆经压片，用溶剂浸出提取油后的残渣，粗蛋白含量高达 42%～48% 之间；豆饼是大豆经机械压榨取油后的残渣，粗蛋白的含量在 39.8%～42% 之间。它们赖氨酸含量丰富，蛋氨酸含量较低，蛋氨酸为豆饼的第一限制性氨基酸。大豆饼粕的营养价值比其他植物饼粕高，而且适口性好，氨基酸组成较平衡，消化率也高，因此大豆饼粕是养鱼的良好饲料原料。大豆饼粕热处理不够时，含有较高的抗营养因子。

（2）棉籽饼粕：棉籽饼粕是棉籽去壳、去绒取油后的残渣。粗蛋白含量在 27%～42% 之间，蛋白质的消化率为 80% 以上。精氨酸、苯丙氨酸含量较多，其他氨基酸含量均低于鱼类的生长需要。棉籽饼粕中含有棉酚等有毒物质，在鱼的配合饲料中用量在 15% 以内时，可不经去毒处理直接利用。

（3）菜籽饼粕：菜籽饼粕是油菜籽榨取油后的残渣。粗蛋白含量在 30%～38% 之间，但蛋白质消化率较豆饼和棉籽饼粗低,如草鱼对菜籽饼的消化率仅为 69％,氨基酸构成方面与棉籽饼相似,赖氨酸、蛋氨酸含量和利用率较低。由于菜籽饼中含有一系列毒素或抗营养因子,为了避免中毒,一般限量使用(用量宜控制在 20％以下),并加强搭配(与鱼粉、豆饼配合使用)或添加赖氨酸。

(4)葵花籽饼:去壳较完全的葵花籽饼含粗蛋白 35％～38％,带壳的葵籽饼粗蛋白仅 22％～26％,蛋白质中蛋氨酸含量高于大豆饼,达 1.6％。葵籽饼适口性好,蛋白质消化率高,但多为带壳产品,粗纤维含量较高,因此用量也不宜过大。

(5)花生饼:去壳花生饼粗蛋白一般在 45％～50％之间,带壳的花生饼粗蛋白的含量低(26％～28％),粗纤维含量高(15％),饲用价值低。花生饼的蛋白质品质较好,其蛋白质消化率可达 91.9％,虽然蛋氨酸、赖氨酸略低于大豆,但组氨酸、精氨酸含量丰富。

(二)动物性蛋白质饲料 动物性蛋白质饲料包括优质鱼虾、贝类、水产副产品和畜禽产品等,一般含有较高蛋白质,多在 30％以上,而且必需氨基酸既平衡又丰富。另外维生素 A、维生素 D、B 族维生素都较多,钙磷含量较适合,是理想的蛋白质饲料。但某些种类含脂肪较多,如肉粉、蚕蛹,容易酸败变质,应进行脱脂处理。

1. 鱼粉 鱼粉含蛋白质高,一般为 55％～70％,是一种公认的优质蛋白饲料。蛋白质中必需氨基酸齐全,且含有较高的蛋氨酸和赖氨酸,B 族维生素丰富,无机盐中钙、磷、铁丰富。购买鱼粉时应注意鱼粉的质量,避免掺假,加强质量检测。除感官检验其色泽、气味、质感外,化学检测其粗蛋白、粗脂肪、水分、盐分、灰分、沙分外,还要针对掺假现象,检查其有无掺入尿素、猪血粉、羽毛粉、贝壳粉及饼粕、谷物类。

关于鱼粉的质量标准,可参考表 5-6 和表 5-7。

表 5-6　国产鱼粉标准

项　　目	一　级　品	二　级　品	三　级　品
颜　　色	黄棕色	黄褐色	黄褐色
气　　味	具有正常气味、无异臭及焦灼味	具有正常气味,无异臭及焦灼味	具有正常气味、无异臭及焦灼味
颗粒细度	至少98%通过筛孔宽度为2.8毫米的标准筛网	至少98%通过筛孔宽度为2.8米的标准筛网	至少98%通过筛孔宽度为2.8毫米的标准筛网
蛋白质(%)	>55	>50	>45
脂肪(%)	<10	<12	<14
水分(%)	<12	<12	<12
盐分(%)	<4	<4	<5
沙分(%)	<4	<4	<5

表 5-7　1983 年我国进口鱼粉合同的质量要求（%）

指标	粗蛋白	粗脂肪	水　分	矿与盐分	沙　分
智利	67	12	10	3	2
秘鲁	65	10	10	6	2
秘鲁*	65	13	10	6	2

* 加抗氧化剂

2. 肉粉、肉骨粉　粗蛋白的含量可达 30%～64%,蛋白质消化率取决于原料加工方法,一般为 60%～90%。含脂量高,易氧化酸败。

3. 血粉　血粉粗蛋白可达 80% 以上,赖氨酸丰富,适口性差。蛋白质消化率和氨基酸利用率只有 40%～50%,氨基酸比例不平衡。

4. 羽毛粉　粗蛋白在 80% 以上,但蛋白质中含较多的二硫键,溶解性差,不能为动物消化吸收。

5. 蚕蛹　干蚕蛹蛋白质可达 55%～62%,消化率一般在

80％以上,赖氨酸、色氨酸、蛋氨酸等必需氨基酸含量丰富。脂肪含量高,不易贮藏。如大量投喂变质蚕蛹,鲤鱼出现典型的瘦背病,虹鳟表现为贫血。

6. 乌贼及其他软体动物内脏　含蛋白质 60％左右,氨基酸配比良好,含脂肪 5％～8％,诱食性好,为良好的饲料源。

（三）**单细胞蛋白饲料**　单细胞蛋白又称微生物饲料,主要包括单细胞藻类、酵母类和细菌类,一般含蛋白质 42％～55％,蛋白质接近动物蛋白质,消化率一般在 80％以上,赖氨酸、亮氨酸丰富,此外还有一些生理活性物质。

二、能量饲料

（一）**谷实类**　谷实类指禾本科植物成熟的种子,如玉米、大麦、高粱等。其特点是含糖量很高,可占干物质 66％～80％,其中 3/4 为淀粉。蛋白质含量较低,一般在 8％～13％之间,品质较差。脂肪含量 2％～5％。磷含量虽然有 0.31％～0.41％之多,但利用率低。大多数 B 族维生素和维生素 E 较丰富,维生素 A、维生素 D 较缺乏。

（二）**糠麸类**

1. 小麦麸　粗蛋白含量 13％～16％,粗脂肪 4％～5％,粗纤维 8％～12％,与谷实类相比,麸皮含有更多的 B 族维生素,是鱼类常用饲料源之一,但用量多会降低粘结性。小麦麸易生虫,应加强仓储管理,及时使用。

2. 米糠　其粗蛋白、粗脂肪、粗纤维含量分别为 13.8％、14.4％、13.7％,含脂肪高,极易氧化,故米糠应鲜用,否则,须加入抗氧化剂。

（三）**饲用油脂**　饲用油脂是一类成分较单一的物质,生产上使用较多的是植物油和油脚。植物油和鱼油中多含不饱和脂肪酸,易氧化,故应加入抗氧化剂,妥为存放,对已发生严重酸败的油脂则不宜作饲料用。

三、添 加 剂

(一)**饲料添加剂的分类** 根据添加的目的和作用机理,把饲料添加剂分成两大类,即营养性添加剂和非营养性添加剂。

(二)**营养性添加剂** 常见的营养性添加剂有氨基酸、维生素和无机盐等。配合饲料所用的主要原料鱼粉、饼粕及玉米等,所含的赖氨酸、蛋氨酸较少,某些无机盐缺乏,维生素在加工和贮存中容易破坏,因而加工制造鱼用配合饲料时加入营养性添加剂是必要的。

(三)**非营养性添加剂** 根据使用目的可分为以下几类:

1. 促生长剂 主要作用是通过刺激内分泌,调节新陈代谢,提高饲料利用率来促进动物生长,常用的有喹乙醇,正三十烷醇等。

2. 防霉剂 它的作用是抑制霉菌代谢和生长,延长饲料保存期。常见的有丙酸 、丙酸钠 、丙酸钙 、山梨酸等,生产中常用的是丙酸和丙酸钙,用量为饲料的 $0.1\% \sim 0.3\%$。

3. 抗菌剂 主要用于防治鱼虾由细菌引起的疾病,常用的抗生素有土霉素、氯霉素(用量是每千克鱼日服 50 毫克)、呋喃唑铜(每千克鱼日服 $100 \sim 200$ 毫克)、氟哌酸(每千克鱼日服 $5 \sim 10$ 毫克)。

4. 抗氧化剂 主要作用是防止饲料中油脂及维生素的氧化。常用的有乙氧基喹啉、丁基羟基甲氧苯和二丁基羟甲苯(三者一般在饲料中添加 $0.01\% \sim 0.02\%$)三种,维生素 E 和维生素 C 也有抗氧化作用。

5. 诱食剂 它的作用是提高配合饲料的适口性,引诱和促进鱼的摄食。比较常用的诱食物质主要是含氮化合物,如氨基核苷酸和三甲胺内脂。

6. 粘合剂　使用目的是提高饲料成型率,减少粉尘损失,提高颗粒牢固程度及在水中的稳定性。常用的有羧甲基纤维素、陶土、木质素磺酸盐、聚甲基脲、聚丙酸钠、藻酸钠、α-淀粉以及一些树脂类化合物。

第三节　鱼用配合饲料

所谓鱼用配合饲料,是指根据鱼类营养需要,将多种原料按一定比例均匀混合,经加工而成一定形状的饲料产品。配方科学合理、营养全面,完全符合鱼类生长需要的配合饲料,特称为鱼用全价配合饲料。

一、配合饲料的种类

依照饲料的形态可分为粉状饲料、面团状饲料、碎粒状饲料、饼干状饲料、颗粒状饲料和微型饲料等六种。颗粒饲料中依照含水量与密度可分为硬颗粒饲料、软颗粒饲料、膨化颗粒饲料和微型颗粒饲料等四种。依照饲料在水中的沉浮分为浮性饲料、半浮性饲料和沉性饲料三种。

依照饲料的营养成分可分为全价饲料、浓缩饲料、预混合添加剂饲料和添加剂四种。

依照养殖对象可分为鱼苗开口料、鱼种饲料、成鱼饲料和亲鱼饲料等四种。

现按形态分类对主要种类分述如下:

(一)**粉状饲料**　粉状饲料就是将原料粉碎,并达到一定粒度,混合均匀后而成。因饲料中含水量不同而有粉末状、浆状、糜状、面团状等区别。粉状饲料适用于饲养鱼苗、小鱼种以及摄食浮游生物的鱼类。粉状饲料经过加工,加粘合剂、淀粉和油脂喷雾等加工工艺,揉压而成面团状或糜状,适用于鳗鱼、虾、蟹、鳖及其他名贵肉食性鱼类食用。

(二)**颗粒饲料**　饲料原料先经粉碎(或先混匀),再充分搅拌混合,加水和添加剂,在颗粒机中加工成型的颗粒状饲料总称为颗粒饲料,可以分以下四种:

1. **硬颗粒饲料**　成型饲料含水量低于 13%,颗粒密度大于 1.3 克/米³,沉性。蒸气调质 80℃以上,硬性,直径1～8毫米,长度为直径的 1～2 倍。适合于养殖鲑、鳟、鲤、鲫、草鱼、青鱼、团头鲂、罗非鱼等品种。

2. **软颗粒饲料**　成型饲料含水量 20%～30%,颗粒密度 1～1.3 克/厘米³,软性,直径 1～8 毫米,面条状或颗粒状饲料。在成型过程中不加蒸气,但需加水 40%～50%,成型后干燥脱水。我国养殖的现有品种,尤其是草食性、肉食性或偏肉食的杂食性鱼都喜食这种饲料。如草鱼、鳗鱼、鲤鱼和鲈鱼等。软颗粒饲料的缺点是含水量大,易生霉变质,不易贮藏及运输。

3. **膨化颗粒饲料**　成型后含水量小于硬颗粒饲料,颗粒密度约 0.6 克/厘米³,为浮性泡沫状颗粒。可在水面上漂浮12～24 小时不溶散,营养成分溶失小,又能直接观察鱼吃食情况,便于精确掌握投饲量,所以饲料利用率较高。日本主要用于养锦鱼、狮鱼和真鲷。

4. **微型颗粒饲料**　微型颗粒饲料直径在 500 微米以下,小至 8 微米的新型饲料的总称。它们常作为浮游生物的替代物,称为人工浮游生物。饲养刚孵化的鱼苗、虾蟹类和贝类,也称为开口饲料。

二、配合饲料的配制原则

（一）符合养殖鱼类营养需要 设计饲料配方必须根据养殖鱼类的营养需要和饲料营养价值，这是首要的原则。由于养殖鱼类品种、年龄、体重、习性、生理状况及水质环境不同，对于各种营养物质的需要量与质的要求是不同的。配方时首先必须满足鱼类对饲料能量的要求，保持蛋白质与能量的最佳比例。其次是必须把重点放到饲料蛋白质与氨基酸含量的比率上，使之符合营养标准。再次是要考虑鱼的消化道特点，由于鱼的消化道简单而原始，难以消化吸收粗纤维，因此必须控制饲料中粗纤维的含量到最低范围，一般控制在3%～17%，糖类控制在20%～45%。

（二）注意适口性和可消化性 根据不同鱼类的消化生理特点、摄食习性和嗜好，选择适宜的饲料。如血粉含蛋白质高达83.3%，但可消化蛋白仅19.3%；肉骨粉蛋白质仅为48.6%，但因其消化率为75%，可消化蛋白质为36.5%，高出血粉一倍。又如菜籽饼的适口性差，可能会导致摄食量不足，造成饲料浪费。

（三）平衡配方中蛋白质与氨基酸 设计鱼料配方要考虑蛋白质氨基酸的平衡，即必须选择多种原料配合，取长补短，达到营养标准所规定的要求。

（四）降低原料成本 所选的原料除考虑营养特性外，还须考虑经济因素，要因地制宜，以取得最大的经济效益。

（五）选用适当的添加剂 配合饲料的原料主要是动物性的原料和植物性的原料，为了改善营养成分和提高饲料效率，还要考虑添加混合维生素、混合无机盐、着色剂、引诱物质、粘合剂等添加剂。

三、配合饲料配方的设计方法

饲料配方设计需要计算,方法很多,如方块法、联立方程法、营养含量计算法、线性规划及电子计算机配方法、试差调整平衡法。使用最多的是方块法又叫对角线法,现举例如下:

如要用蛋白质含量分别为 17％,40％ 的次粉和豆饼配制一个蛋白质含量为 30％ 的日粮,则计算方法如下:

次粉　　17　　40－30＝10
　　　　　　30
豆饼　　40　　30－17＝13

次粉应占比例为:10/(13＋10)＝43.48％

豆饼应占比例为:13/(13＋10)＝56.52％

验算:43.48％×17％＋56.52％×40％＝30％

如现有四种原料,已知小麦麸蛋白质含量 15％、米糠 13.8％,鱼粉 60％,豆粕 44％,求含 30％ 粗蛋白的饲料配方。可用如下方法计算:

首先将蛋白质含量低于 30％ 的饲料分为一类,高于 30％ 的归为另一类,分别求其蛋白质含量的平均值。

小麦麸蛋白质　　15％ ⎫
　　　　　　　　　　　⎬ 平均 14.4％
米糠蛋白质　　13.8％ ⎭

鱼粉蛋白质　　60％ ⎫
　　　　　　　　　　⎬ 平均 52％
豆粕蛋白质　　44％ ⎭

将两个平均值作为一种原料,用对角线法计算:

14.4　　52－30＝22
　　　　30
52　　　30－14.4＝15.6

小麦麸和米糠的百分比均为:[22/(22＋15.6)]/2＝29.26％

豆粕和鱼粉的百分比均为：[15.6/(22+15.6)]/2＝20.74％

验 算：15％× 29. 26％＋ 13. 8％× 29. 26％＋ 44％×
20.74％＋60％×20.74％＝30％

四、配合饲料的评定指标

养殖生产上常用的配合饲料的评定指标及计算公式有如下几种。

（一）饵料系数 又叫饲料系数，是指每增加 1 单位重量
鱼所消耗的饲料。其公式为：

饵料系数＝投饵量/鱼体增重

饵料系数是评价饵料质量的标准之一，在养殖品种、放养
密度、规格、温度、鱼池条件、养殖技术水平均同等的条件下，
饲料系数越低，饲料的质量就越好。

（二）饲料效率 又叫饲料转换率，是饵料系数的倒数，即
每单位重量的饲料转换成鱼体增重的百分比，用以说明饲料
的养鱼效果。计算公式为：

饲料效率（％）＝鱼体增重/投饵量×100％

（三）饲料的经济效率 又称饲料产投比，是一项经济指
标，即每单位重量的市场售价，和该重量鱼所消耗的饲料成本
价格之比。计算公式为：

饲料产投比＝鱼价/相应增重的饲料成本＝鱼产品产值/
投入饲料成本

当鱼价相同，饵料系数相同，而饲料单价不同时。其经济
效率（投入产出比）就不同。当饵料系数相同，饲料单价相同，
而鱼的市场价不同时，其经济效益也不同。

（四）鱼增重指标 包括鱼的生长速度、绝对或相对增重、
增重倍数、日尾增重等。其公式为：

生长速度＝鱼体增重（千克）/养殖天数×100％

增重倍数＝收获鱼重/投放鱼重

日尾增重＝ 鱼体增重/养殖天数×尾数

绝对增重＝收获鱼重－投放鱼重

相对增重(％)＝(收获鱼平均尾重－投放鱼平均尾重)/
投放鱼平均尾重×100％ ＝绝对增重/投放鱼重×100％

五、几种养殖鱼类的饲料配方

目前全国各地区都有自己的池塘养殖鱼类饲料配方的实践经验,现将部分饲料配方分别列表介绍如下(表 5-8,表 5-9,表 5-10,表 5-11,表 5-12)。

表 5-8 国内池塘养殖鲤鱼种实用配方

类型	配方组成(％)	粗蛋白质含量(％)	饲料系数	研制单位
硬颗	鱼粉 20,豆饼 50,棉饼 30	40.09	2.3	山东德州农牧局
硬颗	鱼粉 15,豆饼 50,麸皮 21,玉米 5,贻贝 5 粉,肉骨粉 5,多维、无机盐 3,蛋氨酸 0,4,赖氨酸 0.3	38		辽宁省水利厅
硬颗	鱼粉 40,豆粕 20,尾粉 40,另加多维、无机盐、蛋氨酸、赖氨酸 1.6	37.8	1.74	内蒙古兴安盟水产站
硬颗破碎	鱼粉 15,酵母 5,豆饼 30,棉仁饼 5,黄玉米 10,尾粉 10,麸皮 17,血粉 5,多维 1,无机盐 2	33.8		辽宁省水利厅
硬颗直径2～4毫米	鱼粉 8,豆饼 17,棉籽粉 30,肉骨粉 2,蚕蛹 2,大麦芽 4.5,三等粉 20,玉米 4,油脚 0.5,猪血(折干)0.5,无机盐 1.5	33	2.28	湖北省水产研究所
硬颗	蚕蛹 20,菜籽饼 35,麦麸 30,鱼粉 5,血粉 8,食盐 0.5,骨粉 1,无机盐 0.5,多维浮萍适量	30.0	2.48	四川省水产局

表 5-9　国内池塘养殖鲤成鱼饲料实用配方

类型	配方组成（%）	粗蛋白质含量（%）	饲料系数	研制单位
硬颗直径4～6毫米	蚕蛹 10，豆饼 10，棉籽饼 30，肉骨粉 2，三等粉 25，稻谷粉 10，啤酒糟（折干）10，玉米 3，饲用氨基酸 1，多维 1.5	29.7	1.88	湖北省水产研究所
硬颗	鱼粉 10，豆饼 10，玉米 3，棉籽饼 30，三等粉 25，啤酒糟 10，血粉 0.5，油脚 1，无机盐添加剂 1	27.3	1.93	湖北省水产研究所
硬颗	豆饼 50，菜籽饼 30，发酵鸡粪 20，混合粉 20	30.6	1.8	上海南汇县养殖场
硬颗	豆饼 30，鱼粉 15，麸皮 15，米糠 15，维生素添加剂 1，无机盐 1，抗生素下脚料 1，粘合剂 2	33.8	1.7	上海市水产研究所

表 5-10　鲫鱼配合饲料参考配方

配方序号	饲料配方（%）	饵料系数
1	豆饼 50，鱼粉 10，麦麸 40，添加物骨粉 1，粘合剂（羧甲基纤维素，cmc）1，混合维生素配制	1.7～2.1
2	米糠或糠饼 45，豆饼粉 35，蚕蛹 10，土面粉 8，骨粉 1.5，食盐 0.5	2.27
3	麦麸 30，豆饼粉 35，鱼粉 15，玉米粉 5，大麦粉 8.5，生长素 1，食盐 0.5	1.7
4	豆饼 50，鱼粉 15，麦麸 15，米糠 15，维生素、微量元素添加剂 1，抗生素下脚料 1，粘合剂 2	1.7

（引自沈俊宝、刘明华）

表 5-11 国内团头鲂饲料配方

类型	配方组成(%)	粗蛋白质含量(%)	饲料系数	研制单位
硬颗鱼种	鱼粉 4,豆饼 29,菜籽饼 14,大麦粉 26,麸皮 24.5,植物油 3,无机盐 1.5	27.2		上海市水产研究所
硬颗	鱼粉 4,豆饼 27,菜籽饼 14,大麦粉 26,麸皮 22,菜油磷脂 4,维生素合剂喷雾添加	25.4		上海市水产研究所
硬颗	鱼粉 2,豆饼 30,菜籽饼 35,混合粉 19,麸皮 10,无机盐 4	27.8	1.92	上海水产大学
硬颗	鱼粉 2,黄豆粉 15,芝麻饼 15,稻谷粉 30,棉籽饼 10,麦麸 13,食盐 0.5	23.9	2.5	湖北省宜昌地区

表 5-12 国内池塘主养草鱼饲料配方

类型	饲料配方(%)	粗蛋白质含量(%)	饲料系数	研制单位
硬颗破碎 (鱼苗)	鱼粉 21,豆饼 16,菜籽饼 15,大麦粉 15,小麦粉 27.5,植物油 3,无机盐 1.5,维生素(喷雾添加)	45	2.0~2.3	上海市水产研究所
硬颗	鱼粉 23.5,豆饼 30,菜籽饼 35,麦麸 10,骨粉 1,食盐 0.5			上海水产学院
硬颗破碎 (夏花)	豆粕 30,菜籽饼 35,麦麸 10,鱼粉 2,骨粉 1,食盐 0.5	28.8		上海水产学院
夏花料硬颗	糠饼 60,豆饼 32,尾粉 5,蚕蛹 3,骨粉 1,食盐 0.5	23.0	1.83	长江水产研究所

类 型	饲料配方(%)	粗蛋白质含量(%)	饲料系数	研制单位
硬颗直径 4~8 毫米	鱼粉 5,豆饼 8,棉籽饼 22,菜籽饼 10,尾粉 10,麦麸 10,稻谷 10,酒糟 22,磷酸钙 2,油脚 1	24.6	2.64	湖北省水产研究所
硬颗直径 4~8 毫米	鱼粉 7,豆饼 10,棉籽饼 30,米糠 20,尾粉 10,玉米 3,酒糟 17,添加剂 1,青料 4	25.4	1.89	湖北省水产研究所
硬 颗	玉米 15,菜籽饼 15,麦麸 25,豆饼 15,鱼粉 3,四号粉 10,骨粉 1,棉籽饼 15,食盐 1	21.6	3.0	江西省九江市
硬 颗	鱼粉 10,豆饼 30,棉籽饼 20,麦麸 40	28.0		山东省德州农牧渔业局
硬颗(网箱单养),直径 4 毫米	鱼粉 2,豆饼 30,菜籽饼 35,麦麸 10,混合粉 19,无机盐 2,食盐 2	27.8	1.93	上海水产大学

第六章　池塘养鱼紧急情况的处理

　　近年来随着池塘高密度驯化养鱼的推广和普及,单产水平的大幅度提高,养殖季节的泛塘、突发性鱼病、中毒等意外风险损失时常发生,给广大渔户带来了较大损失,甚至是毁灭性的损失。真可谓一招不慎,满盘皆输。现就夏季养鱼常见的一些意外情况及处理措施作以下介绍。

第一节　泛塘引起的突发性死鱼

泛塘死鱼即缺氧浮头死鱼。养殖季节易出现泛塘的类型有以下几种。

一、水质突变

(一)水质突变的成因　在单产较高、水质较肥的池塘，盛夏季节浮游植物过量繁殖。特别是蓝藻门的铜绿微囊藻大量繁殖时，在水面下风处形成一层翠绿色的水花，俗称"湖靛"或"铜绿水"。由于蓝藻大量繁殖，造成池中营养元素缺乏，从而造成蓝藻一夜之间全部死光。死亡的藻体沉入池底，水质变清、变瘦，下风头可闻到腥臭味，俗称"臭清水"。

(二)水质突变的后果　当微囊藻大量繁殖死亡后，蛋白质分解产生羟胺、硫化氢等有毒物质，不仅可以毒死水产动物，就是牛、羊饮了这种水，也能被毒死。微囊藻喜生长在温度较高（最适温度 28.8～30.5℃）、碱性较强(pH 值 8～9.5)及富营养化的水中，蓝藻大量繁殖时，在晚上产生过多的二氧化碳，消耗大量氧气，在白天蓝藻进行光合作用时，pH 值可以上升到 10 左右。此时使鱼体硫胺酶活性增加，在硫胺酶作用下，维生素 B_1 迅速发酵分解，使鱼缺乏维生素 B_1，导致中枢神经和末梢神经失灵，鱼兴奋性增加，急剧活动、痉挛，身体失去平衡。微囊藻死亡后所产生的毒素还可导致鱼肝脏出血。可见蓝藻的大量繁殖死亡后，引起水质突变，不仅造成缺氧泛塘，还可产生很强的毒素，使池鱼缺氧中毒而死。

（三）水质突变的主要指标

1. 理化指标

（1）水色气味：水质突变前水面下风处有一层翠绿色水花。水质突变后，水变清、变瘦，远看水色发黑，有很强的腥臭味。

（2）透明度：水质突变前，透明度小于 20 厘米，并且上下午无明显变化。水质突变后，透明度在 40 厘米以上。

（3）溶解氧：水质突变前，底层水溶解氧一般不超过 2 毫克/升，水质突变后，水中溶氧极低，上层不超过 1 毫克/升，下层几乎是 0。

2. 生物指标

（1）浮游生物量：可超过 200 毫克/升。

（2）浮游植物：种类单一，铜绿微囊藻是绝对的优势种，占 80% 以上。

（3）浮游动物：优势种常是纤毛类的原生动物。

（四）水质突变的处理措施 在蓝藻大量繁殖，没有出现水质突变以前，养鱼户要高度重视，每天巡塘 2～3 次，及时掌握池水的水质变化，防患于未然。采取以下几项有力措施，谨防水质突变。

1. 排水 当蓝藻大量繁殖时，要选择晴天中午排放池水 1/2 左右。

2. 药物处理 当水排出 1/2 后，用硫酸铜、硫酸亚铁合剂（5∶2）0.7 毫克/升全池泼洒（不宜使用生石灰）。这样由于排掉 1/2 左右的水量，可以减少施药量，降低成本。

3. 注水引种 施药后 3～4 小时，向池内注水，最好先注入其他池塘没有蓝藻、水质较好的水 10～20 厘米深，然后加入井水或河水，恢复到原来水位。

由于预防工作没做好不慎造成了水质突变,应立即采取措施,把损失降到最低点。①大量换新水。当出现水质突变时,一方面应立即抽掉底层老水 20～30 厘米,另一方面立即加注井水等新鲜水。使鱼大量集聚在高溶氧、新鲜的注水区域,缓解缺氧、中毒程度。②化学增氧。在无补注水条件的池塘,如出现水质突变,应立即使用化学增氧剂(增氧灵等),同时施入底质改良剂,吸附池底有害物质。

(五)水质突变救治后对鱼类生长的影响　水质突变经紧急救治后的水质情况不会很快转好,需采取进一步处理措施从根本上改良水质。这时的水一般较瘦,浮游植物较少,而原生动物较多,加之浮游植物死体分解产生的有害物质沉于池底,使得溶解氧较低,有害物质如硫化氢、氨氮、亚硝酸盐较高,使鱼类尤其是底层鱼产生浮头和不同程度中毒情况,被救活的鱼鳃和体内脏器出现不同程度的损伤,发育受到抑制,生长速度明显降低,抗应激能力下降,一般需要 1 周以上的时间才能逐渐恢复。在北方生长期较短的情况下,水质突变对生长的影响是无法弥补的,应尽量避免其发生。

二、清晨缺氧浮头死鱼

(一)清晨缺氧死鱼的成因

第一,在水质较肥,密度较大的池塘,午后或傍晚雷阵雨或急暴雨,致使第二天凌晨严重缺氧死鱼。其主要原因是暴雨后表层水温急剧下降,底层水温高于表层,造成水体上下层对流。池底的腐殖质随之泛起,氧化分解消耗大量溶氧,造成池塘的溶氧量急剧下降,加之暴雨过后,池水中的悬浮物大量增加,粘附于鱼的鳃上,影响鱼呼吸,特别是生活在底层的鲤鱼更是如此。

第二，高产驯化养鲤的池塘，傍晚的最后一顿投喂过饱，鱼夜间消化食物大量消耗溶氧，造成第二天凌晨缺氧浮头死鱼。

第三，夏秋高温季节，由于池水过肥、密度较大，白天光照不好，氧量消耗明显大于光照产氧，致使池氧消耗殆尽，第二天凌晨缺氧。如未及时发现并采取有效措施，常造成泛塘。

（二）清晨浮头的应急措施

1. 轻度浮头　即有声响时，鱼立即下沉水中，应立即开增氧机或加注新水。

2. 严重浮头　鱼受惊吓不下沉，游动无力，部分鱼腹部朝上，这时不能开增氧机或人为大声喧哗、搅水，而应立即加注新水，并使注水管与水面平行缓流入池（不宜将注水管抬高，击起浪花），最好形成全池的圆圈循环，使鱼聚集在水流的两侧，得到尽快缓解。

鱼出现浮头时，如果无增氧机又无注水条件，应立即施用化学增氧剂（鱼浮灵等），并施放在鱼浮头的密集处。

（三）浮头缺氧预防措施

其一，当水质较肥，白天光照不好时，傍晚最后一顿料应少投喂，一般喂半饱即可，以防止因夜晚消化食物大量耗氧。

其二，午后或傍晚下雷阵雨或急暴雨时，上半夜就要开增氧机，并且要坚持开到第二天日出时。无增氧机可在半夜加注新水，一直到日出。

其三，高温盛夏季节，高密度养殖的肥水池塘，增氧机要提前开，可在上半夜22时即开机。池塘注水安排在半夜进行，既加注了池水，又解决了缺氧浮头问题，可谓一举两得。

第二节 用药不当造成的死鱼

随着池塘单产量的增加,鱼病的发生越来越频繁,用药量逐年增大。近年来,养鱼户常因不懂鱼药的性能,使用方法不当等,致使鱼类死亡,造成了不应有的损失。

一、用药不当造成死鱼的原因

(一)清塘后残存药物毒害 药物清塘后毒性没有完全消失时,即放鱼投苗。如佳木斯的某鱼场,用清塘净(主要成分是五氯酚钠)清塘,是春秋季节,水温较低,清塘净的毒性挥发较慢。由于毒性尚存就放入鱼苗,一夜之间放入的鱼苗全部中毒死亡。损失惨重。

(二)全池泼洒防治鱼病用药失当 全池泼洒漂白粉或其他杀菌剂造成池鱼死亡,其主要原因是:①施药方法不当:药物没有充分溶解,未溶解部分被鱼误食,泼洒漂白粉易出现这种情况。②施药时间不当:早晨池塘缺氧,鱼本来呼吸困难,这时施用杀菌药物刺激,使部分体质较弱的鱼死亡;夏季中午高温时施药,由于表层的水温很高,药物反应速度加快,毒性增加,极易产生药害,引起鱼类中毒死亡。③全池泼洒硫酸铜或铜铁合剂时,没有根据水温、水的肥度来灵活掌握,而按固定溶液(0.7毫克/升)泼洒,往往造成药害,使鱼中毒死亡。

二、防止用药不当造成死鱼的措施

(一)把好清塘后药物残毒的安全期 用药物清塘时,首先应加快清塘药物的分解,可用木耙将池底翻动 1～2 遍,使清塘药物如生石灰、漂白粉或清塘净等快速分解;其次注水后放鱼前,应取池水放鱼试养 2～3 天,待安全后方可放鱼。

（二）**掌握正确的用药方法**　药物应充分溶解后,再泼入池中,并且要均匀,否则全池的用量泼在一部分水体中,势必造成局部药物浓度过高,从而产生药害。没有完全溶化的药物残渣不得泼入池中,以免被鱼误食。

（三）**选好施药时间**　用药应在晴天上午 8～10 时或下午3～4 时,要在喂鱼后而不应在喂鱼前泼洒。切忌在池塘缺氧甚至浮头时泼药。

（四）**准确把握用药量**　根据水质、水温及药物的理化性质,掌握正确的用药量,最好在技术人员指导下用药。认真阅读药物使用说明书,切不可盲目加大用量。使用硫酸铜或铜铁合剂时,一定要根据水温、水质肥度情况,灵活掌握,水清、水温高时,用药量要少,水温低、水质肥时,用药量要加大,这样才能做到药到病除,又不至于产生药害。

不慎因用药不当产生药害时,最好的补救措施是立即加注新水,使鱼聚集在新水区域缓解中毒症状,逐步恢复。

第三节　由鱼病、中毒和操作不当
而引起的死鱼

一、鱼病引起的鱼类突然死亡

由于鱼病引起鱼类突然死亡是比较常见的,如暴发性出血病,一些冬季鱼病在早春时暴发（如斜管虫）都能在短时间内引起鱼类大量死亡。鱼病在本书的第八章有详细论述,这里就不详述了,仅就暴发性出血病引起的鱼类死亡作以下介绍。

(一)**暴发性出血病的病因**　高密度驯化养殖的鲤鱼在拉网、密集运输时或温度突降时,鱼体表、鳃部出现严重的渗出性出血,解剖可见肝脏出血,极短时间造成大量死亡。其主要原因是养殖季节大量投喂了质量低劣、配方不科学的饲料。特别是维生素严重缺乏,鱼粉等原料氧化变质,或者是添加了过量的促生长剂(喹乙醇等),严重地破坏了鱼体的组织结构,造成鱼的应激能力下降,在环境突然改变时,大量死亡。

(二)**预防及处理措施**　在养殖季节投喂优质的全价颗粒料,养鱼户要慎重选择鱼料品牌,切不可单纯考虑价格、外观等因素。如发现鱼密集后有出血现象,可投喂加了新诺明、维生素 C 等药物的药饵半个月左右。轻者可以调治、缓解。

二、中毒引起的鱼类突然死亡

(一)**氨中毒**　多发生在冬季或早春,其表现为突然发生不明症状的大批量死亡。主要原因是淤泥过厚或者施肥不当,解决办法是换池或换水。

(二)**碱中毒**　春季多发。4～5 月份盐碱层上升,造成池塘碱度上升,特别是遇到高温天气,池塘水浅,而且较瘦,易生碱中毒。过冬老水易发生碱中毒。其症状表现为鱼趴边,中午尤其严重,可引起大批死亡。防治措施:一是加注新水,提高水位;二是施肥(碳酸氢铵)使池水变肥或者泼洒氯化铵等。

(三)**农药中毒**　主要是有机磷类农药流入池塘,致使鱼死亡严重。由于无法救治,应杜绝含有农药的水进入池塘。

三、操作不当引起的鱼类突然死亡

在春片或商品鱼销售时，一些养鱼户将鱼暂时存入网箱内，由于方法不当，造成鱼在网箱内高密度聚集，相互挤压，特别是沉入池底的封闭网箱，在风浪的作用下，鱼顶浪聚集，造成局部严重缺氧，大量死鱼，损失惨重，这类情况时有发生。

意外风险损失除上面所谈的几种外，还有越冬鱼的意外损失（请看第三章）。可见能否取得良好的经济效益，如何杜绝和减少池塘鱼的突然意外死亡是非常重要的。应引起养鱼户的高度重视，并采取有效措施，确保丰产丰收。

第七章　池塘水环境的调控

第一节　池塘水体环境的主要指标

一、物理指标

（一）水温　　鱼类属变温动物，体温随水温的变化而变化，水温直接影响鱼的生存和生长。鱼类根据其适温范围的高低分为热带性鱼类、温水性鱼类和冷水性鱼类，根据适应范围的大小又分为广温性鱼类和狭温性鱼类，如虹鳟是冷水性鱼类，最适生长水温 10～18℃，超过 25℃，其他条件再优越，也不能生存。因此，如果水温长年偏高，就不适宜养殖冷水性鱼类。又如草、鲢、鳙等是广温性鱼类，水温超过 15℃时才摄食旺盛、生长快，如果池水长年低温，就不能养殖这些鱼。因此，当地水源水温的高低是选择养殖鱼类的基本依据。

水温直接影响鱼类的代谢强度,从而影响鱼类的摄食和生长。一般在适温范围内,随着温度的升高,鱼类的代谢相应加强,摄食量增加,生长也快。各种鱼类都有自身生长的适温范围和最适宜的温度范围。北方养殖鱼类鲤、草、鲢、鳙、鲫鱼生长的适温范围在 15～32℃,最适生长水温为 20～28℃。高于或低于适宜温度都会影响鱼类的生长和生存。上述鱼类在水温降到 15℃以下时,食欲下降,生长缓慢;低于 10℃时,摄食量便很快减少;低于 6℃时,会停止摄食;水温高于 32℃时,食欲同样会降低。北方池塘水温在 15℃以上的时期 1 年有 5 个月左右(5～9 月份),为提高生产效果,必须在最适温度期间加强饲养管理,加速鱼类的生长。

水温影响鱼类的性腺发育和决定产卵开始的时间。我国南部地区由于全年水温比较高,鲢、鳙、草、青鱼性腺发育也较快,成熟较早,性腺成熟年龄一般比北方早 1～2 年。虽然南北地区亲鱼产卵开始时间前后相差较悬殊,但水温却相差不大,一般都在 18℃开始产卵。青、草、鲢、鳙鱼人工催产的适宜水温为 22～28℃,18℃以下催产效果差,15℃以下催产则亲鱼无反应。

水温由于影响水中的溶氧量而间接对鱼类有很大影响。池塘的溶氧量随水温升高而降低,但水温上升,鱼类代谢增强,呼吸加快,耗氧量增高,加上其他耗氧因子的作用增强,因而容易产生池塘缺氧现象,这在夏季高温季节特别明显。

温度对池塘物质循环有重要影响。水温直接影响池中细菌和其他水生生物的代谢强度,在最适温度范围内,一方面细菌和其他水生生物生长繁殖迅速,同时细菌分解有机物质为无机物的作用加快,因而能提供更多的无机营养物质,经浮游植物吸收利用,制造有机物质,使池中各种饵料生物加速繁殖。

（二）**透明度**　透明度表示光透入水中的程度。池水透明度的大小,主要随水的混浊度而改变。混浊度是水中混有各种微细物质包括浮游生物所造成混浊的程度。在正常天气,池水中泥沙等物质不多,透明度的高低,可以大致表示水中浮游生物的丰歉和水质的肥度。一般说来,肥水的透明度在 20～40 厘米之间,水中浮游生物量较丰富,有利鲢、鳙等鱼类的生长。透明度小于 20 厘米,表明池水过肥,又常常是蓝藻过多的表现。透明度大于 40 厘米,表明池水较瘦,浮游生物量较小。可根据透明度的大小,决定是否需要施肥。

二、化学指标

（一）**溶解氧**　鱼类生活在水中,用鳃进行气体交换,故水中溶氧的多少直接影响着鱼类的新陈代谢。池水中溶氧的来源 90％以上是靠水中浮游植物的光合作用产生的,少量部分源于大气的溶解作用。

水中溶解氧的多少与水温、时间、气压、风力、流动等因素有关。水温升高时,鱼的新陈代谢增强,呼吸频率加快,耗氧量增大,水中的溶解氧就会减少。由于浮游植物光合作用受光线强弱的影响,池中的溶解氧也随光线的强弱而变化。一般晴天比阴天的溶解氧高。晴天下午的含氧量最高,上层池水的溶氧呈饱和状态。黎明前含氧量最低,这时无增氧设备的中等以上产量的池塘一般都有浮头现象。在低气压、无风浪、水不流动时的溶解氧较低,在气压高、有风浪、水流动时的溶解氧较高。

当水中的溶氧量充足时,鱼摄食旺盛,消化率高,生长快,饵料系数低。当水中的溶氧量过少时,鱼的正常活动就会受到影响,严重缺氧时可引起鱼的死亡。草、鲢、鳙、鲤等鲤科鱼类,要求水中的溶氧量不应低于 4 毫克/升,低于 2 毫克/升时,就会产生轻度浮头。当降至 0.6～0.8 毫克/升时,就会产生严重浮头,当降至 0.3 毫克/升以下时,鱼就会开始死亡。适宜溶氧量在 5～5.5 毫克/升或更高,过饱和的氧一般对鱼类没有什么危害,但饱和度很高时会使鱼产生气泡病。

(二)**有机物耗氧量**　水中有机物质多,池塘生产力也高,但有机物质在分解过程中需消耗大量氧,如有机质多,则易使池水缺氧,恶化水质。因此必须掌握合适的有机质含量。一般饲养鲢、鳙、鲮较多的池塘,有机物耗氧量以 20～35 毫克/升较适宜,这是肥水的重要指标,超过 40 毫克/升,表示有机物含量已过高,就应停止施肥,并添加新水,改善水质。

(三)**酸碱度**　水的酸碱度用 pH 值来表示。pH 值为 7 表示中性,小于 7 为酸性(5～7 微酸性,3～5 酸性,0～3 强酸性)。大于 7 为碱性(7～9 微碱性,9～11 碱性,11～14 强碱性),大多数水生生物一般都喜欢生活在微碱性的水中,酸性和碱性太强都不适合鱼类和其他生物的生存。

鱼类要在一定的 pH 值下才能正常生存与生长。适合鱼类的 pH 值为 6～9,最适宜 pH 值为 7～8.5,pH 值的安全范围为 5～9.5。在 pH 值较高(8～8.5)的池塘中培育鱼苗,往往效果不好;pH 值低于 6 表示水质不好,会对鱼类的生长起抑制作用,降低养鱼产量。鱼类在 pH 值低于 5.5 的酸性水中生活,容易感染传染性鱼病,即使不缺氧,鱼也会感觉呼吸困难,发生浮头,降低饵料的消化率,生长缓慢。pH 值低于 6.5 时,鱼类的人工繁殖就不能顺利进行。pH 值降至 6 以下时,枝角类就不能生存。当 pH 值小于 4 或大于 10.2 时,鱼类很快会死亡。

在酸性水中,铁离子和硫化氢的浓度会增高,其毒性加大,而且 pH 值还可以直接影响浮游植物的光合作用和微生物的生命活动,进而减慢水中物质循环的过程。由有机物分解为无机物的过程受到阻碍,这就极大地降低了池塘的鱼产量。一般高产池塘的 pH 值是中性至弱碱性,如水质偏酸需施用生石灰进行改良。

(四)氨态氮　　水中氨通常是在氧气不足时含氮有机物分解而产生的,或者是由于氮化合物被硝化细菌还原而成。水生动物代谢终产物一般是以氨的状态排出,淡水鱼类也是如此。池水中氨的含量较低,水生生物和鱼类排泄的氨被大量池水稀释,同时硝化细菌将其转化为硝酸盐,因此不会对鱼类带来多大影响。但在缺氧的情况下,氨就会积累,当达到一定浓度时,就会使鱼中毒,减少摄食,生长缓慢,高浓度时会造成鱼类死亡。养鱼密度太大时,氨的浓度就高,所以氨成为限制放养密度因素之一。一般养鱼水体要求氨的浓度不得大于 0.3 毫克/升。底层水缺氧,有机物发生厌氧分解,也会使氨积累,因此提高底层水的溶氧量是防止氨积累和改良水质的重要措施。另外,在浅池施用铵态氮肥时,必须根据水质的 pH 值等状况(pH 越高,氨的含量也越高),掌握合适的施肥量,防止施用量过多而使水中氨的含量达到危害鱼类的程度。

(五)亚硝酸盐　　亚硝酸盐是氨经细菌作用发生氧化反应生成的。亚硝酸盐的存在对鱼有直接的毒性,尤其冰下缺氧的越冬池易发生亚硝酸盐中毒症。一般养殖密度过大,池水经常缺氧,水体中有机物含量过高的池塘很容易引起亚硝酸盐含量的升高。

(六)硫化氢　　硫化氢是在缺氧条件下,含硫有机物经厌氧细菌分解而形成的,或是在富含硫酸盐的水中,在硫酸盐细菌的作用下,使硫酸盐变成硫化物,然后生成硫化氢。在杂草、残饵堆积过厚的老塘,常有硫化氢产生。它的积累会使鱼中毒,毒化鱼的血液,致使鱼类窒息死亡,并且能大量消耗水中的氧气。一般养鱼水体要求硫化氢浓度不得超过 1 毫克/升。养鱼水有硫化氢产生也是水底缺氧的标志。

氨态氮和硫化氢都具有强烈的刺激气味,凡有以上两种臭味的池塘,就要立即采取措施改良水质。

氨态氮、亚硝酸盐和硫化氢都是在池中氧气不足时产生的、对鱼有极大危害的有毒物质,因此,保持水中溶氧充足是防止这三种有毒物质危害的关键。

三、生物指标

(一)微生物　水中的微生物包括细菌、酵母菌、霉菌等,而以细菌最重要。池塘中细菌的数量很大,每毫升水中含数万至数百万个不等。它们不仅在池塘物质循环中起着重要作用,而且是水生动物和鱼类的重要天然食料。细菌群聚体可达数十微米大小,能被鲢、鳙等滤食性鱼类直接摄食。有机碎屑表面有密度极大(达 450 亿个细胞/克湿重)的细菌,鱼类摄食有机碎屑时也就吞进了大量富有营养价值的细菌。

微生物对饲养鱼类除了有益的一面外,也有有害的一面:有些种类在缺氧条件下对有机物进行厌氧分解,产生还原性的有害物质,使水质变坏;有些种类则会引起鱼病,造成鱼类死亡。因此,提高溶氧量,中和酸度,防止池水被有机物污染等,是促使有益细菌繁殖,抑制有害细菌发生的有效措施。

(二)浮游生物　浮游生物是养殖鱼类的幼鱼和鲢、鳙等成鱼的主要食物。浮游生物分为浮游植物(金藻、黄藻、硅藻、甲藻、裸藻、绿藻、蓝藻等)和浮游动物(原生动物、轮虫、枝角类、桡足类等)。浮游植物不仅是鲢鱼、罗非鱼的直接饵料,是水体生产力的基础,同时,还是水中溶氧主要的制造者,对水质理化因子的变化起主导作用,对各种室外养鱼池和越冬池都有重要作用。浮游动物不仅是鳙鱼的主要饵料,而更重要的,它是一切幼鱼的佳肴。这样,浮游生物的多少就代表着对鲢、鳙、罗非鱼等肥水性鱼的供饵能力,直接影响其产量。精养鱼池浮游植物数量至少应保持在每升含 32 毫克或 3 000 万个以上。

池塘浮游生物有明显的季节变化,一般早春硅藻大量出现;夏季浮游生物种类和数量达到最高峰,特别是绿藻、蓝藻大量繁殖;秋季浮游生物数量逐渐降低,绿藻、蓝藻数量有所下降,硅藻、甲藻等数量上升;冬季浮游生物数量和种类均大大减少,在池塘冰封的情况下繁殖着少量的硅藻和桡足类。

由于各类浮游植物细胞内含有不同的色素,当浮游植物繁殖的种类和数量不同时,便使池水呈现不同的颜色与浓度。因此,人们常根据池水的水色及其变化判断池水的肥瘦和好坏,从而采取相应的措施。

(三)高等水生植物 池塘中的高等水生植物有芦苇、荇菜、浮萍、菹草、轮叶黑藻等。在鱼池特别是鱼苗池中,一般是不让高等水生植物繁殖的。因为它们能吸收水中大量的营养物质,遮蔽阳光或妨碍通风,而影响主要天然饵料——浮游生物的繁殖,也影响池塘的温度和溶氧状况。因此对于池塘中繁殖的高等水生植物,一般须加以清除(在池塘中种植水草饲养草鱼种者除外)。

(四)底栖动物 池塘中的底栖动物主要有昆虫及其幼虫(如摇蚊幼虫、蜻蜓幼虫等)、水蚯蚓、螺、蚌等。它们大都是青鱼、鲤鱼等的食料,在池塘中具有一定的生物量,但与浮游生物比较,则其对池塘生产力的影响就相差甚远。一些对鱼苗有害的昆虫如龙虱幼虫、红娘华、蜻蜓幼虫等须清除。

(五)鱼类 多种鱼类共同栖息于同一水体,有的相互有利,有的存在生存竞争。如草鱼、鲂鱼吃草,粪便培养浮游生物,可作鲢、鳙鱼的饵料。鲢、鳙鱼摄食浮游生物和细菌,使水质变清,又有利草、鲂鱼生活。鲤、鲫、罗非鱼等摄食有机碎屑,可改善水质。所以,把这些鱼混养在同一水体,创造相互有利的环境条件,使鱼池成为合理的、有效的生态系统。但有些鱼之间存在着摄食和被摄食的关系,如鳜、鲶、鳢等肉食性鱼类,危及养殖鱼种的生命。麦穗鱼、餐条等小杂鱼,既可被大型凶猛鱼类吞食,又可危害鱼苗、鱼种,并与养殖鱼争食,消耗饲料。因此必须清野除害,保障主养鱼类的正常生长。

第二节 水质老化的主要指标

一、外观特征

老水是肥水池不加水或少加水,或不清塘而形成的。水色呈铜绿色或浓绿色,水质浓,透明度低,溶氧较低,鱼在其中生活容易浮头。水色日变化不明显,水中浮游植物数量很多,但大多为不易消化的种类,俗称"肥而不活是老水"。这种水既不利于鱼类生活,也无法为鲢、鳙鱼提供优质天然饵料,必须及时更换新水。

二、主要指标

老水的透明度在 20～25 厘米,溶氧低峰值在每升 1 毫克左右,昼夜垂直变化显著。有机耗氧量 25～40 毫克/升,浮游生物量 80～240 毫克/升。浮游动物种类和数量均少,浮游植物数量很多,主要是微囊藻、颤藻、绿藻、十字藻等。

第三节 水质调控方法

一、清淤与换水

池塘经过一定时期的养鱼生产,底部就会积存一定厚度的淤泥。淤泥中含有大量的有机物质和无机营养成分,能起保肥和调节肥度的作用。但淤泥厚度超过 20 厘米时,就要进行清淤。清淤一般在秋后或初春,成鱼或鱼种出池后,排干池水,对鱼池晾晒、清整时进行。也可在生产季节,选择晴天的中午,用泥浆泵将一部分塘泥吸出,喷到池埂或把塘泥喷到空气中,洒落在水的表层(每次翻动的面积不可超过池塘的 1/2),以减少水中耗氧因子,达到改善水质的目的。

经常及时地加注新水,是保持优良水质必不可少的措施。春季随水温的升高逐渐加水,夏季每 5～7 天注新水 1 次,每次 10～20 厘米。夏秋高温季节,加水时间应选择晴天 14～15 时以前进行,傍晚禁止加水,以免造成上下水层提前对流,引起鱼类浮头。对老化的池水要换掉部分底层水或把池水全部换掉,再重新注入新水。

二、控制浮游生物量

因为浮游生物是水体生产力的基础,对水质理化因子的变化起主导作用。所以,池塘只有具有一定数量的浮游生物,才能通过藻类的光合作用产生大量的氧气,供鱼类和其他水生生物正常生长。精养鱼池浮游生物量应保持在 32～130 毫克/升,而且这些浮游生物中的浮游植物应是鱼类容易消化的种类,如隐藻、甲藻、硅藻等占绝对优势。透明度一般为 25～40 厘米。指标生物是隐藻、轮虫大量繁殖。这种水在外观上具有肥、活、爽、嫩的特点。"肥"表示水中有机物多,浮游生物量大;"活"就是水色经常在变化,这是浮游植物种群处于繁殖盛期的表现;"爽"表示水质清爽,混浊度小,透明度适中,水中溶氧量较高;"嫩"就是水色鲜嫩不老,表示容易消化藻类多,大部分藻体细胞未老化。

值得注意的是:如果浮游生物量在 130～400 毫克/升时,透明度低,浮游生物数量极多,但种类少。此时水中虽然易消化的浮游生物占多数,但这种水质溶氧条件差,尤其是下层水,如遇天气突变,不但容易引起鱼类缺氧浮头,而且往往连藻类本身呼吸所需氧气也供不应求,造成藻类大量死亡,水色转清发臭,俗称"臭清水,"引起泛池事故。它的指标生物是蓝绿裸甲藻类大量繁殖。

池塘中浮游生物量可通过控制投饵、施肥量,采用合理使用增氧机和注新水等方法,使之达到适于鱼类生长的最佳水平。

三、降解有机物质

鱼池中由于投饵、施肥而带入大量的有机物,池中死亡的生物尸体和生物排出的粪便也是有机物的主要来源。一般水中有机物多,池塘生产力也高,但有机质在分解过程中需消耗大量的氧,如有机质过多,则易使池水缺氧,恶化水质。因此,必须掌握合适的有机质含量,一般有机耗氧量在 20～35 毫克/升比较适宜,这是肥水的重要指标,超过 40 毫克/升,表示有机物含量已过高。

因大量有机质都沉积在池底的淤泥中,降解有机质除了通过合理投饵、施肥、注水等措施加以解决外,还可以通过清除和吸出部分塘泥的办法,减少池中有机物质达到改善水质的目的。另外,每半月泼洒 1 次 20～30 ppm 的石灰水,可使被淤泥吸附的营养物质释放,从而被充分利用。

四、吸附有害物质

池中有害物质主要指氨态氮、硫化氢、亚硝酸盐等 ,它们都是在有机物含量过高、缺氧的情况下产生的。因此,保持池底层有较高浓度的溶氧量,可防止这三种有毒物质的产生和积累。近年来研究生产的底质改良剂能有效地吸附这三种有毒物质,减少底泥耗氧,改良水环境。底质改良剂效用时间长,无任何毒副作用,一般每 0.067 公顷施用量为 15～25 千克。

第八章 常见鱼病的防治

第一节 鱼病发生的原因

一、病原、鱼体、池塘环境三者之间的关系

鱼类是终生生活在水中的水生动物,鱼类的摄食、呼吸、排泄、生长等一切生命活动均在水中进行,因此水环境对鱼类生存和生长的影响超过任何陆生动物。水中存在的病原体数量较陆地环境要多,水中的各种理化因子(如溶氧、温度、pH值、无机三氮等)直接影响鱼类的存活、生长和疾病的发生。体

质健康的鱼类对环境适应能力很强,对疾病也有较强的抵御能力。但在养殖池塘中,由于放养密度的提高(较自然水域增大几倍甚至几十倍),人工投饵量的增大,鱼类的排泄量对水体的污染程度增大,使得环境极易恶化,同时疾病的传染机会增大。当环境的恶化,病原体的侵害超过了鱼体的内在免疫能力时,就导致了鱼病的发生。

二、鱼病发生的环境因素

(一) 理化因素

1. 物理因素　主要为温度和透明度。一般随着温度升高,透明度降低,病原体的繁殖速度加快,鱼病发生率呈上升趋势,但个别喜低温种类的病原体除外,如水霉菌、小型点状极毛杆菌(竖鳞病病原菌)等。

2. 化学因素　水化学指标是水质好坏的主要标志,也是导致鱼病发生的最主要因素。在养殖池塘中主要为溶氧量、pH 值和氨态氮含量,在溶氧量充足(每升 4 毫克以上)、pH 值适宜(7.5~8.5)、氨态氮含量较低(每升 0.2 毫克以下)时,鱼病的发生率较低,反之鱼病的发生率高。如在缺氧时鱼体极易感染烂鳃病,pH 值低于 7 时极易感染各种细菌病,氨态氮高时极易发生暴发性出血病。

(二) **生物因素**　与鱼病发生率关系较大的为浮游生物和病原体生物。常将浮游植物含量过多或种类不好(如蓝藻、裸藻过多)作为水质老化的标志。这种水体鱼病的发生率较高。病原体生物含量较高时,鱼病的感染机会增加。同时中间寄主生物的数量高低,也直接影响相应疾病(如桡足类会传播绦虫病)传播速度。

(三) **人为因素**　在精养池塘,人为因素的加入大大加速了鱼病的发生,如放养密度过大、大量投喂人工饲料、机械性操作等,都使鱼病的发生率大幅度提高,所以精养池塘的鱼病发生率高,防病、治病工作也更为重要。

(四)池塘条件 主要指池塘大小和底质。一般较小的池塘温度和水质变化都较大,鱼病的发生率较大池塘为高。底质为草炭质的池塘 pH 值一般较低,有利于病原体的繁殖,鱼病的发生率较高。底泥厚的池塘,病原体含量高,有毒有害的化学指标一般也较高,因而也容易发生鱼病。

三、发病鱼的体质因素

鱼的体质是鱼病发生的内在因素,是鱼病发生的根本原因,主要为品种和体质。一般杂交的品种较纯种抗病力强,当地品种较引进品种抵抗力强。体质好的鱼类各种器官机能良好,对疾病的免疫力、抵抗力都很强,鱼病的发生率较低。鱼类体质也与饲料的营养密切相关,当鱼类的饲料充足,营养平衡时,体质健壮,较少得病,反之鱼的体质较差,免疫力降低,对各种病原体的抵御能力下降,极易感染而发病。同时在营养不均衡时,又可直接导致各种营养性疾病的发生,如瘦脊病、塌鳃病、脂肪肝等。

第二节 常见鱼病的治疗

随着集约化养殖程度的提高,放养密度的增大,产量的提高,相应的鱼病发病率也明显上升。根据我们近年来对几千例鱼病的镜检和诊治实践,现将池塘养鱼常见的多发性鱼病,按病灶部位总结归纳如下。

一、鱼类的鳃病

鱼生活在水中,靠鳃进行呼吸水中的溶解氧,水中存在的大量病原体生物很容易感染到鳃上。鳃病的发病率很高,在夏季高温时和冰下越冬期常造成很大损失,因此有"养鱼先养水,治病先治鳃"之说。鱼的鳃病种类很多,而且大多肉眼难诊断,必须用显微镜才能检出病原体。很多养鱼户只好按估计病症来用药,往往是先用一遍杀菌药,不见效再用一遍杀虫药,结果一方面贻误治疗时机,另一方面造成浪费并产生药害。因此,有必要对鳃病进行详细分类,准确诊断,以便合理用药治疗。鳃病主要有以下六大类型:

(一)细菌性鳃病

1. 症状　病鱼鳃丝粘液增多发黑,挂满污垢,严重的鳃丝腐烂露出骨条。

2. 病原　水质不良刺激鳃部组织,引起鱼被粘球菌、柱形菌或其他细菌感染。

3. 防治方法　①调节水质,消除病菌。方法:一是经常加注新水,二是用超菌净A型处理老水,杀灭病原菌,三是用增氧机搅水增加上下水层的水体交换量。②用0.3～0.4ppm的超菌净A型全池泼洒,或用0.2～0.4 ppm的呋喃唑酮全池泼洒来治疗,效果显著,也可用漂白粉或其他含氯制剂全池泼洒来防治。③投喂杀菌药饵或用三黄粉加抗生素类药物拌料投喂。

(二)霉菌性鳃病

1. 症状　鳃丝发黑,着生菌丝。发生于高温季节,水质老化的池塘。

2. 病原　鳃霉菌。

3. 防治方法　用生石灰彻底清塘,病鱼需销毁,用孔雀石绿或二氧化氯有一定抑制作用,发病鱼池需大量换水,改良水质。

（三）原虫性鳃病

1. 症状　早春开化后,春片鱼种常集群散漫游动于池边或下风头处,镜检多为斜管虫、杯体虫等寄生。由于越冬后鱼体质较弱,水质较脏,常引起鱼种暴发性死亡。夏季鱼苗池发病时,一般常见病鱼在晴好天气集群上浮水面,似缺氧浮头状,驯化时不上料台或吃一会就散开并继续浮于水面,食欲明显减退,生长缓慢。掀开病鱼鳃盖可见组织增生,粘液增多,常见并发细菌性鳃病。

2. 病原　由原生动物车轮虫、鳃隐鞭虫、斜管虫等大量寄生引起。

3. 治疗　①秋片入越冬池或春片分池时用综合浸泡剂浸泡鱼种。②用硫酸铜加高锰酸钾(5∶2)0.5 ppm 全池泼洒。③用硫酸铜加硫酸亚铁(5∶2)0.7 ppm 全池泼洒。

（四）吸虫类鳃病

1. 症状　病鱼急躁不安,常跃出水面,或在吃食过程中"炸营",鳃丝肿胀、粘连。

2. 病原　由指环虫、三代虫及中华鳋等单殖吸虫大量寄生引起,常见并发细菌性烂鳃病。

3. 治疗　①敌百虫 0.5～1 ppm 全池泼洒。②超菌净 A 型 0.3～0.4 ppm 全池泼洒,也可用漂白粉、氯杀宁、鱼康、二氧化氯等杀菌剂全池泼洒,以防止继发性细菌感染。③用药后隔天注入部分新水,以利于鱼类食欲的恢复。

（五）出血性鳃病（脉管瘤）　由于水质不良,蓝藻大量滋生,水中氨含量过高,化学污染,杀虫剂等农药的刺激,使鳃微血管产生器质性病变,形成动脉瘤,用显微镜能鉴定。

防治方法:①大量换水或施水质改良剂调节水质。② 用 0.2～0.3 ppm 的呋喃唑酮全池泼洒,以防止继发性细菌感染。

(六)营养性鳃病

1. 症状　鳃丝弯曲,鳃小片曲屈、萎缩,排列不整齐。

2. 病因　由于饲料中缺乏泛酸或其他营养不平衡引起,使鱼体免疫能力下降,易引起细菌感染,寄生虫侵入。

3. 治疗　①合理配制饲料,做到氨基酸平衡,不饱和脂肪酸、钙磷、维生素和微量元素及多项营养指标的平衡。不片面追求高蛋白、高营养。②在饲料中增加泛酸的用量,增加其他多种维生素的含量以补充营养,维护鱼类健康。

二、鱼类的皮肤病

(一)皮肤溃烂病(包括鲤鱼洞穴病和鲢鱼打印病)

1. 症状　鲤鱼洞穴病一般夏秋季发病,鱼体表出现红色斑点状出血,春季越冬池开化后,病鱼表皮溃烂,呈现锅底形溃疡面,故称"打印病"。

2. 病原　嗜水气单胞菌。

3. 防治方法　①用漂白粉、超菌净 A 型、农康宝 1 号、鱼康、氯杀宁等杀菌剂,全池泼洒 2～3 次。②投喂杀菌药饵,连喂 1 周或内服"克瘟灵加败血宁"药物 1 周。

(二)水 霉 病

1. 症状　由于拉网、运输等人为操作造成鱼体体表粘液损伤,导致水霉菌感染,一般感染面积超过鱼体表面 1/4 时引起病鱼死亡。

2. 病原　水霉菌。

3. **防治方法**　①用 20 ppm 呋喃唑酮浸洗 15～30 分钟。②用孔雀石绿 0.5 ppm 全池泼洒。③用亚氯酸钠 0.5 ppm 全池泼洒 2～3 次。

（三）竖鳞病

1. **症状**　病鱼鳞片向外张开,鱼体外形呈松球状,鳞基部水肿,稍加挤压即有积水喷出,常与腹水病并发,即眼球突出,腹部膨大,腹腔内大量积水,严重者游动迟缓,逐渐死亡。

2. **病原**　小型点状极毛杆菌。

3. **防治方法**　①全池泼洒超菌净 A 型 0.4 ppm 两次,或呋喃唑酮 0.2 ppm 两次。②内服杀菌药饵 5～7 天。

（四）体表寄生虫病（锚头蚤、鲺等）

1. **症状**　病鱼烦躁不安,体表有红色斑点,仔细检查,肉眼可见锚头蚤寄生。鲺寄生肉眼可见白色半透明片状虫体贴附于体表。引起鱼类食量减少,炸营,生长减慢,大量寄生于鱼种时,也可造成鱼种死亡。

2. **病原**　锚头蚤、鲺等寄生虫。

3. **治疗**　①敌百虫 0.5～1 ppm 全池泼洒 1～2 次。②强效灭虫精、杀毙王等全池泼洒两次。

三、鱼类的腹腔内疾病

（一）出血性败血症

1. **症状**　病鱼外观正常或腹部鳞下充血发红。解剖时,用剪刀从肛门向前剪至腹鳍,体腔内冒出血水,病鱼腹内有血水,内脏有淤血。此病主要危害过冬鱼种,病程很长,一般夏秋季鱼类生长正常时即可检出,但大批死亡多发生在越冬后期 3～4 月份。在冰层将化时,病鱼上浮贴近冰层或开化后浮于水面,成群集结于池边,游动缓慢而逐渐死亡。

2. 病原　嗜水气单胞菌。

3. 防治方法　此病春季很难治愈,只能采取早分塘换水,改善水环境的方法加以缓解,防治应在夏季饲养期进行,方法如下:①保持水质清新,经常加注新水,排水困难的池塘可半月泼洒1次生石灰水,用量20千克/0.067公顷。②从8月中旬起每半月投喂杀菌药饵,每天两次。停食前1个月改喂越冬专用饲料,强化饲养,增加鱼体抗病力。③越冬池注新水,最好是水质较好的河水或井水。④封冰前1周用药物进行封塘处理。可在用敌百虫杀灭浮游动物的同时用0.4 ppm的超菌净A型,或0.5 ppm的农康宝1号,或1 ppm的漂白粉杀灭病原菌。⑤越冬期不仅要测氧,还要测氨,发现氨过高时要及时施入底质改良剂降解氨氮,减缓病原体的繁殖速度。

(二)绦虫病

1. 症状　病鱼经常上浮,尤其在饱食后常浮于水面,病鱼腹部膨大,严重时失去平衡,侧游上浮或腹部朝上,解剖后可见肠道内或腹腔中有白色带状的虫体寄生。在黑龙江地区寄生于鲤、鲫、草鱼肠道内的为九江头槽绦虫。虫体细长,头节分明,能引起肠炎、贫血,病鱼瘦弱,厌食,严重时堵塞肠管,造成死亡。寄生于腹腔中的为舌状绦虫和双线绦虫,鲢、鳙、鲫、鲤均发现有寄生。虫体扁宽,肥厚,似条状,大量寄生时使内脏受到挤压,受损伤最严重的是肝脏,产生严重萎缩,生长发育受阻,鱼体极度消瘦甚至死亡。

2. 病原　头槽绦虫和舌状绦虫

3. 防治方法　①用0.5～1 ppm的敌百虫,或0.15 ppm的强效灭虫精全池泼洒,杀灭中间寄主。②投喂杀虫药饵,5～7天为1个疗程,1～2个疗程即可治愈。③投喂杀菌药饵3天,防治肠炎。

（三）脂肪肝

1. **症状**　解剖见病鱼肝脏颜色变暗发白，或有大量白色网状花纹，夏季生长正常，在 11 月份即将封冰时，遇温度突降时即可发现死鱼，病鱼鱼体僵硬，逐渐死亡，如放入温暖的清水中即可缓解，越冬中常常大量死鱼。

2. **病因**　饲料中营养不平衡，维生素含量相对偏低。

3. **防治方法**　①停食前 1 个月使用越冬专用饲料强化饲养，增加鱼体维生素的摄入量。②越冬前投喂 3 个疗程的杀菌药饵，每天两次，3 天为 1 个疗程。③保持越冬池水温在 1～2℃ 以上，水质清新，氨氮低于 0.2 毫克/升，不缺氧。

四、鱼类的其他营养性疾病

（一）瘦脊病　由于食入大量含有氧化脂肪的变质饲料引起的，病鱼身体明显消瘦，脊部肌肉瘦薄呈刀刃状。

防治：在饲料中加维生素 E，添加量为 100～150 ppm。

（二）塌鳃病（或软鳃病）　常见于 1 龄鱼种。病鱼鳃盖边缘卷曲或短缺，鳃丝外露，鳃盖软脆，鳃丝颜色变淡，食欲不振，生长缓慢，越冬死亡率高。由于饲料中磷的含量不足或不易吸收引起。

防治：在饲料中添加鱼类易吸收的磷酸二氢钙，添加量为 0.2%。

第三节　鱼病的预防

在高产驯化养鱼中，做好鱼病的预防工作是提高养鱼经济效益的重要措施之一。通过几年来的生产实践，我们认为鱼病防治工作必须坚决贯彻预防为主的方针，采取"无病先防，有病早治"的方法,才能收到预期的养殖效果。

一、加强精养池塘的水质管理

水质好坏直接影响着鱼类的健康与生长及饲料的利用率,因此充分认识池塘水环境的特性并加强科学管理,围绕着增氧和降氨这一核心问题做好水质调节工作非常必要。主要措施如下:

第一,清除池塘底过多的淤泥。

第二,定期泼洒生石灰(pH 值偏低时)。

第三,高温季节晴天的中午开动增氧机,减少底层氧债,改善池水溶氧状况。

第四,水质过肥时用硫酸铜等药物适当杀死部分藻类,加注新水。

第五,在高温季节,高产池塘,定期施入底质改良剂,改善水质和底质。

第六,利用光合细菌改良水质。

二、提高鱼体的抗病力

一要根据池塘条件和技术水平,制定合理的放养密度;二要根据天气、水质和鱼的生长活动情况,定时定量投喂,保证鱼吃饱吃好;三要选择配方科学、营养均衡的优质全价颗粒饲料投喂,避免鱼体发生营养性疾病;四要加强日常管理及细心操作,要勤巡塘,发现问题及时解决,做好池塘日记;五要选择抗病力强的优良品种饲养。

三、控制和杀灭病原体

(一)苗种检疫 对购进苗种要检疫。

（二）清塘　对鱼塘要彻底清整消毒。

（三）鱼体消毒　春片鱼种入池时用药液浸泡鱼体，可有效杀灭鱼体表和鳃上的寄生虫和细菌。

（四）粪肥消毒　有机肥应消毒后再施。消毒可用生石灰、漂白粉、鱼康等药物。

（五）高温季节定期预防　①高温季节采取料台挂袋或定期泼洒杀菌药可有效预防细菌性鱼病。采用此方法应注意以下问题：一是食场周围的药物浓度应达到有效治疗浓度，又不能影响鱼类摄食。二是食场周围药物的一定浓度应保持 1 小时以上。三是必须连续挂袋或泼药 3～5 天。②高温季节，鱼生长旺季，定期投喂杀菌药饵，可有效地预防各种细菌性鱼病。药饵量计算应把吃食鱼体重全部计算入内，投药饵量可比平时减少 10%～20%，一般连续喂 3 天。

第四节　用药方法与用药量

一、常见的用药方法

鱼池施药应根据鱼病的病情、养鱼品种、饲养方式、施药目的（是治疗还是预防鱼病）来选择不同的用药方法。主要用药方法有以下六种：

（一）全池泼洒法　是池塘防治鱼病的最常用方法。它是将整个池塘的水体作为施药对象，在正确计算水量的前提下，选择适宜的施药浓度来计算用药量，然后把称量好的药品用水稀释，均匀泼洒到整个池塘的水体，以治疗鱼病。消毒水体比较全面、彻底，缺点是成本较高。所以多应用于高产精养池塘，低产池一般在发生严重鱼病时才使用此方法，而且多使用较廉价的药物。

（二）**挂袋法** 即在投饵台前2～5米呈半圆形区域悬挂药袋4～6个，内装药量以1天之内溶解，不影响鱼前来吃食为原则，可用粗布缝制药袋或直接将小塑料袋包装的药品扎上小眼悬挂使用。此法适用于驯化投喂池塘，防治吃食性鱼类的鱼病，但鱼病后期吃食不好时不能使用。其优点是节省用药成本，操作方便，对水体的污染小。

（三）**浸洗法** 即在1个容器内（一般用大塑料盆或搪瓷浴盆）配制较高浓度的药液，然后将鱼放入容器内浸洗一定时间后捞出，能杀灭体表和鳃上的病原体。其浸洗时间视鱼类品种、药物种类、浓度、温度、灵活掌握。此方法的优点是作用强，疗效高，节省用药量。缺点是不能随时进行，只有在鱼种分池、转塘时才能使用。

（四）**口服法** 是驯化养鱼常用的用药方法之一。使用时将药物按饲料的一定比例加入粉料中混合制成颗粒药饵投喂，用于治疗鱼类的内脏病、出血病、竖鳞病等。其优点是疗效较彻底，药物浪费少，节省成本。缺点是对病情较重、吃食不好的鱼没有作用。

（五）**注射法** 多用于亲鱼的催产和消炎，一般采用胸腔、腹腔、背部肌肉注射。

（六）**涂抹法** 用于亲鱼的伤口消炎，常使用紫药水或碘酊。

二、鱼池水体的计算

采用全池泼洒法。用药时必须先准确计算鱼池水体，为此先要测量鱼池的长度、宽度和水深，圆形池塘需测出半径，再依下列公式计算体积。

鱼池体积(米³)＝长度(米)×宽度(米)×平均水深(米)

鱼池水体积(米³)＝3.14×(鱼池半径米)²×水深

以上所列出的公式一,适用于方形或长方形鱼池;公式二,适用于圆形鱼池。

需要说明的是方形鱼池一般是有坡度的,其横断面呈梯形,在计算体积时其长度和宽度的测量应以水面至池底的1/2处为准。

三、用药量的计算

全池泼洒用药量(克)＝池水体积(米³)×用药浓度(ppm)

浸洗用药量(克)＝用水量(米³)×浸洗药浓度(ppm)

口服药量(克)＝鱼池载鱼量(千克)×鱼的服药量(克/千克体重)

混饲配制浓度(％)＝用药量/(载鱼量×日投饵率)×100％

第五节　常用鱼药介绍

一、外用杀菌剂

(一)**漂白粉**　主要成分为次氯酸钙、氯化钙和氢氧化钙的混合物,有效氯不得少于 25％。次氯酸钙遇水产生次氯酸,次氯酸又可释放出活性氯和初生态氧离子。对细菌、真菌、病毒均有不同程度的杀灭作用。主要用于细菌性鱼病的防治。由于其水溶液含大量氢氧化钙,所以还可调节池水的 pH 值。漂白粉稳定性差,一般条件下保存,有效氯每月减少 1％～3％,

遇光、热、潮湿和在酸性环境下分解速度加快。因此漂白粉应使用新出厂的、密封严的，有条件时使用前应测定其含氯量再将其用量折合成含氯 25% 计算，一般全池泼洒的浓度为 1ppm。

（二）二氯异氰尿酸钠　　含有效氯 60% 左右，性状稳定，较易溶于水，溶解度为 25%，水溶液呈弱酸性，pH 值 5.5～6.5，溶于水后产生次氯酸。具有杀菌、灭藻、除臭、净水等作用，可防治各种细菌性鱼病，一般用量为 0.3～0.6 ppm。市售的二氯制剂商品药为鱼康。

（三）三氯异氰尿酸　　国际商品名 Tcca，国内商品名很多，如强氯精、强氯、高氯、氯杀宁、鱼康净、超菌净 A 型、农康宝 1 号等。Tcca 含有效氯 85%，市售的含氯消毒剂多为 Tcca 及其复配剂，其含氯量从 30%～85% 不等。稳定性好，易保存，密封防潮的情况下可保存 3 年以上。溶解度较低（1%～2%），作用与二氯异氰相同，全池泼洒用量为 0.3～0.4 ppm，清塘浓度为 5～10 ppm，其杀菌力为漂白粉的 100 倍。

（四）二氧化氯制剂　　分子式：ClO_2。本品为含二氧化氯 2% 以上的无色、无味、无臭的稳定性液体，为广谱杀菌消毒剂、净水剂。它能使微生物蛋白质的氨基酸氧化分解，从而达到杀死细菌、病毒、藻类和原虫的目的。使用浓度为 0.5～2 ppm，使用前需与弱酸活化 3～5 分钟。强光下易分解，需在阴天或早晚光线较弱时用，不受水质、pH 值变化的影响，不污染水体，其杀菌力随温度下降而减弱。国内商品名有百毒清、百毒净、二氧化氯、亚氯酸钠等。多为固体包装，分 A，B 袋，分别溶解后对到一起活化 3～5 分钟后全池泼洒。

二、外用杀虫药

驱杀甲壳类吸虫、蠕虫引起的鱼病药物多为有机磷等农药,一般具有较大的毒性,而且污染水环境,因此应该尽量降低其使用浓度,减少使用次数。商品鱼上市前两周内应禁止使用。抗原虫药一般为重金属和染料类药物,如硫酸铜、孔雀石绿等,对鱼的毒性和对水体的影响也很大,因此需慎用。

(一)**敌百虫** 为有机磷药物,是一种低毒的神经毒性药物,外泼可治疗寄生于鱼体表和鳃上的甲壳类动物、吸虫等。并能杀灭水体中的浮游动物和水生昆虫,可用于越冬前杀灭耗氧生物。常用90%的敌百虫原粉,用量为0.5～1 ppm,与硫酸亚铁合用可增效,减少其使用量。不同鱼类对敌百虫的耐受力不一样,家鱼较强,鲑、鳟较弱,鳜、加州鲈等不能用。经常使用易产生抗药性。

(二)**强效灭虫精等** 强效灭虫精及杀毙王、B型灭虫精、杀虫净等商品鱼药,均为有机磷或菊酯类药物的单一或复配制剂,可杀灭鱼体外和水中的寄生虫,毒性较大,常用易产生抗药性,应采用不同的药物交替使用。

(三)**硫酸铜** 主要用于防治原虫引起的鱼病(如车轮虫、鳃隐鞭虫、斜管虫、杯体虫等),还有灭藻、净水作用,是一种高效、价廉的药物。其缺点是药效与水温、水质关系大,而且其有效浓度与有害浓度差距较小,即安全范围较小,因此其使用浓度不易掌握。其药效与水温成正比,与有机物含量、溶氧、盐度、pH值成反比。池塘泼洒常用量为0.7 ppm或0.5 ppm加硫酸亚铁0.2 ppm。一般肥水塘多用点,高温季节少用点,掌握不准可先少用,第二天再追加半量。

三、内服杀菌药

（一）**原料药类** 价格较高，用量较少，常用的有土霉素、氯霉素、氟哌酸、环丙沙星、呋喃唑酮、新诺明等。原料药品的单价较高，用量较少，一般使用时先用载体稀释，再与粗原料混合，制成颗粒饲料或粘糊状饲料药饵使用。可用单一制剂或几种药物互配，也可与中草药复配使用，疗效好、副作用小，但长期使用易产生抗药性，不同药物应交替使用。

（二）**商品药类** 多为一种或几种原料药与载体、增效剂等的复配剂。商品内服药常用的有败血宁、克瘟灵、肠鳃灵、出血散等，用于治疗吃食性鱼类的出血病、肠炎病、竖鳞病、腹水病、腐皮病等多种细菌性鱼病。

（三）**中草药类** 有牛黄、大黄、黄芩、黄连、连翘、大蒜素、大青叶、穿心莲等。中药有药效长、标本兼治之功效，使用中药时要精心组方，注意其拮抗作用与协同作用。中药也可与西药原料药合理配合使用，疗效更好。

四、内服杀虫药

（一）**原料药类** 主要有硫双二氯酚、阿苯达唑、吡喹酮等。用法是将药物与适量的饲料原料混合制成颗粒料，或拌食投喂，可驱杀寄生于鱼体内的绦虫等寄生虫。

（二）**商品药类** 常用的有鱼虫速灭Ⅰ、鱼朗净、绦虫净、鱼用肠虫清等。

（三）**中草药类** 有槟榔、雷丸、苦参子、常山等。

第九章 养鱼场的经营管理与经济效益分析

经营管理是养鱼场整个生产过程中的重要环节,只有科学的饲养,严谨的管理,才能获得理想的经济效益。因此,在市场竞争激烈的环境下,要想立足于不败之地,创造最佳的经济效益,必须做好养鱼场的经营管理工作。

第一节 生产经营计划

一个养鱼场在生产前,必须制定好全年乃至几年的生产经营计划,做到心中有数,有备无患。

一、池塘规划

池塘是鱼类生存的首要条件,池塘的好与坏直接影响鱼类的生长,因此创造一个好的水域环境尤为重要。池塘规划包括四个方面内容。一是池塘面积,即各种池塘(鱼种池、成鱼池、越冬池)的最佳面积,二是池塘的水源,三是池塘的深度,四是各种池塘应占的比例。

(一)池塘面积 根据驯化养鱼产量高、载鱼量多的特点,各种池塘的面积应相应大些,因为较大的池塘,鱼的活动范围广,加之受风力的作用大,溶解氧较充足,有利鱼类正常摄食与生长。另外,大水体水质较稳定,易控制,不易出现"转水"的不利现象。但是面积过大,操作管理不便,一旦出现浮头、鱼病等造成的损失大。尤其是养殖鱼种的池塘,面积过大容易造成鱼种规格参差不齐。因此应按照驯化养鱼方式的要求,结合单位产量及采取的驯化方法来确定池塘面积。一般说单位面积产量越高,要求面积越小,单产越低,要求面积越大,采用自动投饵机投喂的池塘面积可大些,人工投喂的面积要小些。总之,最佳的单塘面积应控制在:鱼种池 0.33~1 公顷,成鱼池 1~2 公顷,越冬池 1.33~2.67 公顷。

(二)**池塘水源** 鱼终生生活在水中,水源条件决定鱼的产量。池塘的水源要求水量充足,水质清新,江河水、井水、泉水均可。在养殖过程中,要经常加注新水,以保证充足的溶解氧。使用江河水或碱性水的地方,水中浮游动物含量高,可适当多放花鲢,以控制浮游动物的生长,减少耗氧因素。采用城市生活污水养鱼的地方,花白鲢要同时多放,并定期利用药物控制浮游生物的生长,以免造成泛塘死鱼。越冬池深度应在 3 米以上,越冬池塘最好全部利用井水,以减少浮游动物的耗氧量及鱼病的发生。越冬花白鲢的池塘可利用江河水或井水、江河水各占一半。鲤、鲢混合的越冬池,井水占 2/3,老水或江河水占 1/3。生活污水最好不作越冬用水,没有别的水源,只能用生活污水的地方,越冬前必须用药物处理方可使用。

(三)**池塘深度** 鱼产量的高低和池塘的深度密切相关。俗话说的"一寸水一寸鱼","深水养大鱼"具有一定的科学道理。水深,水量大,水温水质变化小,对鱼生长有利。但水也不能过深,过深的水底层水温偏低,来自上层的溶解氧难以溶到底层,造成底层含氧量低,不利于鲤鱼生长。因此,在年初制定产量计划时,必须考虑到池塘的深度。无论是鱼种池,还是成鱼池,深度标准基本相同,即每 0.067 公顷产250~500 千克的池塘,水深要求在 1.5～2 米。

(四)池塘比例 在放养计划上,各种池塘的比例应根据市场的需求而定。鱼种生产量需要根据越冬能力而定。一般养鱼场放养的比例是鱼种面积占 30%,成鱼面积占 70%左右,这样较为理想。

二、苗种放养计划

一年之计在于春。苗种放养工作是全年生产中的重要环节,它直接影响整个生产,乃至经济效益,不容忽视。

(一)苗种来源 选择鱼种是苗种放养计划的前提。要选择生长速度快,抗病、抗寒能力强,体形好的优良品种。目前较理想的品种有:德国镜鲤、散鳞镜鲤、丰鲤、三杂交鲤等。尤其德国镜鲤和散鳞镜鲤不仅具有生长速度快、越冬能力强的特点,而且肉味鲜美,深受消费者和养鱼场户的欢迎。同规格的德国镜鲤和散鳞镜鲤当前市场销售价较其他披全鳞鲤鱼高些。但德国镜鲤抗病能力差,在饲养时必须做好水质调节及防病工作。

驯化养鲫的鲫鱼品种,目前大量养殖的有彭泽鲫、异育银鲫等。这两种鲫具有生长速度快,不易患病的优点,放养春片当年可长到 250 克以上。

养鱼场要力求自己培育鱼种,按照要求确定鱼种规格,这样不仅减少运输带来的损失,而且自己培育的鱼种规格理想,数量足,品种对路,成活率高。此外,可设专池培育尾重超 250 克的大规格鱼种,为下年放养两茬鱼做准备。

(二)放养规格 鱼种生产提倡放养夏花,以保证足够的成活率。乌仔直接分塘的地方,池塘要具有充足的天然饵料,以避免天然饵料不足,鱼生长不均匀,驯化不齐的现象发生。

成鱼生产放养鲤、鲢、鳙,规格最好是尾重 100～150 克的鱼种。按增重 8～10 倍计算,商品鱼规格 1～1.25 千克。市场销价最高。

(三)**放养时间** 北方地区气候寒冷,鱼类生长期短,因此提前抓早是增产的有效措施。夏花放养在 5 月下旬到 6 月上旬,鱼种放养在越冬池开化后即可进行。这时水温低,鱼活动能力差,在捕捞过程中不易受伤,另外放到成鱼池后,可提早喂食,延长生长期。在鱼种放养时要进行鱼体浸洗消毒。

(四)**放养密度** 适宜的放养密度是增产增效的重要手段。如何确定放养密度要根据池塘条件、技术力量、设备、资金状况以及计划产量而定。放养密度过大,如果上述条件跟不上,势必会造成商品鱼规格小,或饲养期间出现意外损失而影响产量及经济效益。但放养密度过小,浪费水体,成本增高,同样也会影响经济效益。所以确定放养密度时,要量力而行,力求最佳产量及效益。下面介绍两种驯化养鲤的放养模式(表10-1,表 10-2)。放养密度可根据当地喜欢的鱼规格,参照产量来确定。

表 10-1　每 0.067 公顷产 500 千克驯化养鲤鱼种模式

鱼类	放养夏花尾数	成活率(%)	出塘规格(克)	产量(千克)
鲤	3000	90	150	405
鲢	600	90	150	91
鳙	300	90	270	40.5
合计	3900	90	—	536.5

表 10-2　每 0.067 公顷净产 500 千克成鱼模式

鱼类	放养鱼种尾数	规格（克）	重量（千克）	成活率（%）	出池尾数（尾）	预计规格（克）	毛产（千克）	净产（千克）
鲤	400	150	60	95	380	1200	456	396
鲢	100	125	12.5	95	95	800	76	63.5
鳙	50	125	6.5	95	47	1000	47	40.5
合计	550	—	79		522		579	500

按鱼的计划毛产量计算的放养密度公式：

放养密度＝计划毛产量/成活率×预计商品鱼规格

按鱼的计划净产量计算的放养密度公式：

放养密度＝计划净产量/成活率×（预计商品鱼体重—放养时鱼种体重）

三、物资准备

充分的物资准备是养鱼场正常生产的必要保证，只有把养鱼所需要的饲料、机械、药品等物资准备充足，才能夺取稳产、高产。

（一）**饲料准备**　养鱼鱼种是基础，饲料是关键。尤其是驯化养鱼，选购饲料的优劣，决定鱼的长势、产量以及效益。在目前配合颗粒饲料厂家众多，竞争激烈的形势下，务必选好优质的配合颗粒饲料。目前国内配合颗粒饲料主要是硬颗粒饲料，在加工工艺上，它可分为两种：一种是带有蒸气的经过调质的熟化饲料，这种饲料鱼消化利用率高，饵料系数低，多数厂家生产的是该种饲料；另一种是小型机器加工的未经调质而生产的颗粒饲料，其缺点是鱼消化利用率低，饵料系数高。大庆某鱼场在 1998 年利用经过调质的熟化饲料（双强牌鱼饲料）

与未经调质的环模机饲料,以及经调质的平模机饲料进行对比养鱼生产,其结果如表 10-3。

表 10-3　三种饲料养鱼情况对比

饲　　料 名　　称	每 0.067 公顷净 产鲤鱼(千克)	饵料 系数	每千克鱼饲料成本 (元)
双强饲料	283	1.86	3.66
环模机饲料	262	2.25	3.82
平模机饲料	241	2.51	3.98

饲料准备数量,要根据计划产量而定,其计划公式是:

饲料需求量=预计净产量×饵料系数

(二)机械准备　常用养鱼机械包括水泵、增氧机、自动投饵机等,自己加工饲料的场户还要具备颗粒饲料机、粉碎机。这些机械在生产前必须检修好。其具体数量是:水泵每1.33～2 公顷 1 台。增氧机每 0.067 公顷产鱼 350 千克,每 1 公顷 1台(功率 3 千瓦);每 0.067 公顷产鱼 500 千克,每 0.67 公顷 1台;每 0.067 公顷产鱼 750 千克,每 0.5 公顷 1 台;每 0.067公顷产鱼 1 000 千克,每 0.33 公顷 1 台。自动投饵机一般每池1 台。超过 3.33 公顷的池塘,每池可设两台,在同一位置同时投喂。小型平模颗料饲料机每台可供 13.33～20 公顷水面。环模颗粒饲料机每台可供 20～33.33 公顷水面。

(三)药品准备　养鱼所需药品包括清塘药物、杀菌药物以及杀虫药物。常用的清塘药物有生石灰、漂白粉。可根据水体的 pH 值确定使用何种药物。偏酸性的水质,使用生石灰清塘,偏碱性的水体使用漂白粉清塘。杀菌药物有鱼康、氯杀宁、农康宝、富氯等,杀虫药物有敌百虫、敌杀死、灭虫精等。每种类型的药物都必须准备充足,根据不同的生长季节,定期搞好预防,并且一旦发生鱼病,马上用药治疗。

四、用工计划

养鱼场用工主要由管理人员和生产人员两部分组成。管理人员有场长、技术人员、财务管理人员等,这部分人员要尽量压缩,采取兼职的方法,以减少开支。一般每 10 个生产人员设 1 名管理人员。每 1.33～2 公顷配 1 名生产人员。如养鱼场 16.6 公顷水面,管理人员 1 名,喂鱼人员 7 名,值班人员 3 名,炊事员 1 名,全场共 12 人。

五、资金投入预算

鱼场的资金投入,分固定资金投入和流动资金投入。固定资金投入包括鱼池的租赁费、添置固定资产所需的资金、水电费、苗种费、人员工资等。这些资金也叫相对不变资金,是维持正常生产必不可少的。而可变资金伸缩性较大,它包括饲料费、药费等,是体现一个鱼场技术管理水平的重要标志。固定资金投入占全场总资金 20%～30%,可变资金投入占 70%～80%。鱼场的资金投入要根据鱼场的规模及产量而定。按 1999 年生产成本计算,每生产 1 千克鲤鱼需资金 5～6 元,1 千克鲢、鳙需资金 2～3 元,1 千克鲫鱼需 6～7 元。如某鱼场 1999 年驯化养鲤成鱼 13.33 公顷,每 0.067 公顷产商品鱼 400 千克,其支出是:鱼池租赁费 2 万元,占 5.9%,水电费1.4 万元,占 4.1%,鱼种费 0.9 万元,占 2.7%,人员工资 2.8 万元,占 8.3%,饲料费 26 万元,占 76.7%,鱼药费 0.8 万元,占 2.3%,共计支出 33.9 万元。

第二节 生产过程的管理

一切计划和准备最终都要体现在生产过程的管理上，它包含劳动力管理、物质管理、技术管理、财务管理四个方面。

一、劳动力管理

劳动力的管理，其主要内容是制定各项规章制度，充分发挥全体人员在生产经营中的作用，不断提高劳动生产率。

（一）场长负责制度 场长负责全场的生产计划，组织实施以及销售的工作，其工资和全场的产量效益挂钩，也可采取取消工资，实行利润分成的办法。同时场长要负责全场人员政治思想教育，业务培训，安全生产工作。

（二）渔工岗位责任制 每个渔工都要有明确的岗位责任，任务要明确，指标要合理，对每一个渔工承包的池塘定产量指标，定饵料系数，节约饲料奖励，浪费饲料罚款。

（三）定期检查制度 生产期间要定期检查鱼的长势及鱼病情况，定期巡塘，定期检查渔工执行制度情况。以制度的形式明确下来。

（四）值班管理制度 值班人员要负责夜晚的看护工作，奖励敢于负责，兢兢业业的人员，真正做到管理到位，不出现任何纰漏。

二、技术管理

技术管理是指运用管理的手段，把生产过程中投入的各要素，有效地结合起来，按照管理的各项指标衡量生产，保证企业高产高效。它包括生产技术准备管理、生产过程控制管理。

（一）**生产技术准备管理**　结合本场实际，制定全年生产计划，根据生产计划，逐步分解落实到各个部门，做到苗种到位，物资到位，资金到位，人员到位，制度到位，使企业的人、财、物得到合理利用。

（二）**生产过程控制管理**　生产过程是执行计划的过程，也是各项物资资金的投入过程。因此要定期检查计划执行情况，及时发现问题、分析问题原因，采用有效措施加以解决和控制，保证各项指标顺利实现。

三、物资管理

物资管理指充分发挥各项物资的作用，保证企业生产的正常运行。一是饲料管理：选择优质的饲料，发挥饲料的最大效用。通过技术和管理手段，搞好正常投喂，保证鱼类生长需要，防止饲料腐烂变质，减少意外损失。二是机械管理：定期检修机械，保证正常运转，不误生产。机械管理要设专人负责，在检修、安装、操作过程中注意安全。三是药品管理：制定药品需求计划，在使用药品时要有专业技术人员参加，正确诊断鱼病，恰当下药，保证治疗效果。建立定期消毒制度，确保鱼类正常生长。

四、财务管理

财务管理是企业管理的一部分，是有关资金筹集、投放和分配的管理工作。是控制和协调生产经营活动的手段，是贯彻执行经济责任制的工具，是贯彻党和国家的方针政策，执行财经纪律的保证，是处理企业与各方面经济关系的重要工作。为此，财务的管理工作十分重要。

（一）财务管理的任务

1. 合理筹集和使用资金，提高资金的使用效果　首先要确定企业生产经营必需的资金需要量，然后利用各种渠道筹集资金，及时足额地供应，同时还要监督资金的使用和运转状况，避免不合理占用，以提高资金使用效率。

2. 促进企业降低成本，提高企业经济效益　负责协调和制定企业内部各种物资消耗定额，制定生产成本，节约挖潜，控制好各项费用开支，考核企业经营成果，促进企业不断改善经营管理。

3. 正确分配企业收入，及时完成税、利上缴　及时清结各项债权、债务。按照经济责任制，支付职工的劳动报酬。

4. 实行财务监督，严格财经纪律　搞好财务审计和财务分析，堵塞各种漏洞，不断提高财务工作者的政治业务素质。

（二）财务管理的手段

为了完成上述各项工作任务，财务管理必须做到：

1. 加强计划管理　要依据企业生产经营计划，正确编制执行企业财务计划。增强预见性，减少盲目性。

2. 严格经济核算　促进企业用较少的生产耗费和资金占用，取得更多的产品和利润，有利于克服企业在管理上的无政府状态。

3. 建立考核制度　利用经济责任制，按各部门业务范围核定指标，分配落实，定期考核，优奖劣罚。

4. 讲究生财之道，提高经济效益　做到增产、节约相结合，促进企业创造更好的经济效益。

第三节　经济核算与效益分析

一、经济核算

经济核算是养鱼场管理的重要内容,它既是对养鱼场全年生产经营成果的计算和总结,又为经济效益分析提供依据,为第二年的生产经营计划的改进提供参考。养鱼场每年年底都要进行经济核算。核算要在物资管理、财务管理严格,记账完整、准确的基础上进行。要做到准确,符合实际管理的需要。

(一)**资金和资产的核算**　养鱼场的资金一般包括现、存款和应收账款,可把应付账款作为应收款的减项一并核算,要在结账日(可订为 11 月 30 日)将上述项目实际盘点清楚,并与账目核对。计算出本年增加部分。

养鱼场的资产可分为在塘鱼、生产物资、工具、用具、机器设备、房屋和池塘。我们可把在塘鱼、生产物资作为流动资产管理,其销售与消耗都增加养鱼场的销售收入和成本费用。将使用期在 1 年以上的工具、用具(包括生活用具和水桶、网具、水㧟等生产用具)、机器设备(包括各种机、泵、管、带、车船等)、房屋和池塘作为固定资产,将其按使用年限折旧分摊计入生产成本中。养鱼场的未列入固定资产的资产也要在结账日盘点清楚,并与账目核对,应做到帐物相符,如有差异,找出原因,分清责任,做出报损、丢失调帐处理,使之帐物相符。最后计算出本年度内资产的增加额。

(二)**成本、费用的核算**　养鱼场生产的成本费用可分为以下几项:

1.**苗种费**　包括当年放养的水花、乌子、夏花、春片费用。

2. 饲料、肥料费　指全年所用的饲料及肥料费,外购饲料的成本包括买价加运费;自行加工配制的饲料成本包括原料采购价、运杂费和加工费。

3. 物料消耗费　指养鱼生产中消耗的未列入固定资产的物资、网具、材料、小型工具、用具等耗费和电费、水费、水资源费、燃油料费、维修费等。

4. 人工费　包括直接从事渔业生产的渔工工资、奖金、补贴等。场长、后勤、财务等管理人员工资可按面积分摊计入每口池塘费用。

5. 折旧费或承包费　自有的鱼池、房屋、机器、大型工具、用具按使用年限分摊到每年的折旧费用里,作为当年生产成本。如果是承包或承租的鱼池,可将承包费(或租金)、维修费计入此项。

6. 其他费用　包括差旅费、呆死帐处理、餐饮招待费、诉讼费、利息费用等。

成本的核算按每口池塘记账和计算。费用(3,4,5,6项)的核算可按池塘面积分摊计入每口池塘。

(三)收入、利润的核算

1. 收入的核算　养鱼场的收入包括渔业销售收入和其他收入。渔业销售收入包括:商品鱼销售收入、鱼苗、鱼种销售收入等;其他收入一般有垂钓、旅游、住宿、餐饮等项收入,应在收入发生时分项分池记账,年底核算时分项累加,可计算出每口池塘的收入额。

2. 利润的计算　养鱼场的利润可以按下面公式计算:

总利润=(渔业生产收入+其他收入)-成本费用合计

养鱼场的经济核算不但要计算出总利润额,还要计算出每口池塘的利润和每 0.067 公顷利润,从而来比较、评价每口池塘的生产经营成果和各个项目(比如鱼苗、鱼种、成鱼)的生产经营效益,以便进行效益分析、实施奖惩制度和下年度生产计划的调整。

养鱼场的利润应该与自投的资产和资金本年度的增加额相符,即:

资金资产增加额－外来性投入＋外来性支出＝本年利润

此公式可以从另一方面核算利润,一般对会计手续不健全的小型养鱼场和个体鱼户更为实用。说明养鱼场年底增加的钱和物(扣减投入部分净额)就是本年度挣的利润。

二、效益分析

养鱼场通过效益分析可以揭示财务状况、经营成果和以后的发展潜力。

鱼场可以根据经济核算资料分以下两类进行经济效益的分析:

(一)技术管理效益分析 养鱼场技术和管理的好坏直接决定了其经济效益的高低,这里我们通过几个常用的指标来评价和考核养鱼场的技术管理成果。

该指标反映饲养鱼类增重的倍数,也称翻倍数。

1. 鱼类增重倍数

增重倍数＝收获鱼类重量(千克)/放养鱼种重量(千克)

增重倍数越高,说明鱼类生长优势越好,相对降低了苗种成本,提高了经济效益。鲤鱼增重倍数在 10 左右,鲫鱼增重倍数在 5 左右。

影响增重倍数的因素:一是养殖鱼类的品种;二是放养规格,它与增重倍数成反比,放养规格越小,增重倍数越高,但应考虑出塘规格与时间,若想提前上市大规格商品鱼,放养规格不能太小。即在同种规格、饲养时间上基本一致情况下的增重倍数相比较才有意义；三是饲料质量；四是水体环境与管理水平。

2. **饲料的使用效益分析**　　饲料在养鱼生产成本中占有相当大的比例，尤其是以吃食鱼为主的驯化养鱼，大约占成本的 $60\%\sim70\%$，因此饲料的使用效益好坏直接关系到养鱼场的效益高低。可用下列两项指标来衡量：

(1)饵料系数：

饵料系数＝饲料投喂量(千克)/鱼体净增重量(千克)

饵料系数越小，说明鱼类利用饵料的效率越高，相对成本越低，盈利能力越高。

影响饵料系数的因素主要是饲料的质量。营养成分高，加工水平先进的饲料饵料系数较低。其次是饲料的投喂技术、鱼类的品种年龄和水质因素。

(2)千克鱼饲料成本：

千克鱼饲料成本＝投喂饲料总价值(元)/鱼体净增重量(千克)＝投喂量(千克)×饲料单价(元/千克)/鱼体净增重量(千克)

考察饲料效益，1千克鱼饲料成本更有说服力，因为饵料系数只考虑饲料的使用效率，而每千克鱼饲料成本增加了价格因素，因此千克鱼饲料成本越低，饲料的使用效益越高，获利能力越强。可以说饵料系数是饲料的技术质量指标，千克鱼饲料成本才是饲料的使用效益指标。

3. **千克鱼成本分析**　　千克鱼成本应该分品种，分池塘分别计算。

千克鱼成本＝(千克鱼饲料成本＋千克鱼苗种费净额＋本塘其他费用合计)/本塘鱼总产量

千克成鱼鱼苗费净额(元)＝鱼苗投入量(千克)/净产量(千克)×[商品鱼售价(元/千克)－春片鱼苗售价(元/千克)]

千克鱼苗费＝1/鱼种规格(千克/尾)×鱼种价格(元/尾)/成活率

每千克鱼成本是考核养鱼场经济效益的一项重要指标,在市场价格一定的情况下,其高低决定了养鱼场的经营效益。千克鱼成本越低在市场上竞争力越强,养鱼场的经济效益越高。

(二)利润分析　获取利润是养鱼场生产经营的目的,利润分析也就是获利能力的综合分析,主要有销售利润率、资产利润率、公顷利润和千克鱼利润等。

1.销售利润率

销售利润率(％)＝(销售利润/销售收入)×100％

分析:该指标反映每百元销售收入带来的利润多少,表示销售收入的获利水平。

2.资产利润率

资产利润率＝(利润/平均资产总额)×100％

分析:①该指标表明资产利用的综合效果,反映每百元资产带来的利润多少。指标越高,说明资产利用效果越好,养鱼场在增收节支方面的效益比较好。②影响资产利润率高低的因素主要有:鱼的售价、单位成本高低、鱼的产量、资金占用量等。

3.公顷利润

公顷利润＝利润总额/养殖公顷数

分析:①该指标反映养殖水面获得的利润数,在养殖面积一定的情况下公顷利润的高低就决定和代表了养鱼场的营利水平。②公顷利润的高低取决于鱼的售价、产量、公顷成本费用。售价越高,产量越大、成本费用越节省,则利润越高。

　　4.千克鱼利润

　　千克鱼利润＝利润/养殖鱼类产出量(千克)

　　分析:① 该指标反映每产出 1 千克鱼所获得的利润额,通俗地讲就是每千克鱼挣多少钱,是渔民核算盈利水平的一个常用指标,它既反映了鱼场的产出效益,又与行业的市场情况密切相关。②千克鱼利润的高低取决于市场价格和千克鱼成本,那么适时上市和降低千克鱼成本就是提高该指标的两种途径。

第四节　提高养鱼经济效益的途径和措施

　　目前,池塘养鱼业已完全纳入了市场经济的运行轨道,这两年淡水鱼的市场价格下跌,养鱼业的比较效益下降,在这种情况下,如何提高养鱼经济效益的途径只有两条:一是适应市场生产出尽可能多的适销对路的鱼产品,提高销售收入;二是对内加强技术管理,节约开支,降低养殖成本。

一、适应市场需要,提高销售收入

　　(一)发展名特优品种养殖　近两年,名特优品种养殖由南到北蓬勃兴起,由于名特优产品的市场价格高,更受消费者欢迎,因而给养殖业带来了丰厚的效益和勃勃生机。由南到北推广的品种主要有彭泽鲫、异育银鲫、鳜鱼、加州鲈鱼和河蟹。由北向南推广的品种有鲟鱼、六须鲶和鲶怀杂交种。发展名、特、优品种养殖必须抓住两个关键问题:一是抢前抓早,养名、特、优就得抢行市,创较高售价,所以看准市场后要及早下手。二是要靠技术,必须将技术环节学透、琢磨细才能着手养殖,切忌蛮干,减少失败和风险。

(二)**商品鱼均衡适时上市**　市场对活鱼的需求是长年连续不断的,活鱼无法长期贮存,因而在客观上需要商品鱼均衡上市。我们以往的养殖模式是春放秋捕,只秋季大规模出鱼,在以前产量低时销售是不成问题的,只是老百姓平常季节"吃鱼难"。近几年随着驯化养鱼优质饲料的推广,养鱼产量翻了几番,秋季集中上市造成市场饱和,变成卖鱼难、价格低、效益不佳甚至赔钱,而夏季鱼价较高,销路也好,所以适时均衡上市售价好、效益高。要想夏季提前上市,部分池塘春季应放大苗或 2 龄鱼种,夏季上市后再养 1 茬鱼苗,实现养两茬鱼,提高效益。

(三)**发展规模养殖**　实现规模养殖的好处:一是有利于水、电、路等生产基础的配套建设,为精养高产提供保证。二是有利于技术指导,先进的生产技术和管理经验,能够更好地得到应用。三是有利于饲料、鱼种等物资的供应,减少中间环节,降低费用。四是有利于产品的销售,北方地区养鱼的规模以6.67～13.33 公顷为宜,最小应在 4 公顷以上,养鱼已经进入微利阶段,没有足够规模就不会有好的效益。

(四)**提高单产**　提高单产也是增加产出量的一个重要手段。提高单产的途径:一是饲养生长速度快的优良品种;二是使用优质饲料;三是在增氧注水能力允许的范围内提高放养密度;四是适当增放配养品种,如主养鲤鱼池塘除搭配花白鲢外,再放点鲫、鲂、鲶等。提高单产应该因地制宜,适量掌握。黑龙江池塘养鲤单产在 400～1 000 千克/0.067 公顷为宜,视池塘条件、水源条件和增氧设施条件在此范围内增减变动。

二、内部挖潜,降低饲养成本

(一)**降低饲料成本** 在驯化养鱼中饲料成本占总成本的比例最大,所以饲料成本高低对总成本的影响也最大。降低饲料成本的途径:一是要喂优质饲料。二是投喂方式要科学、先进,避免浪费饲料。三是饲养的鱼类品种好,饲料的利用率高。四是水质清新,不缺氧,饲料的转化率高。

(二)**避免和减少意外损失** 减少养鱼场的意外损失主要是:①看护好上下水,做好防汛工作,保证不跑鱼。②更夫工作要认真负责,经常检查,保证不丢鱼。③及时防治鱼病,搞好越冬管理,保证不死鱼。养鱼场的投入较大,意外损失一旦发生,金额就很大,因此减少意外损失对节约成本、减少养鱼风险意义是相当大的,应该引起经营者的高度重视。

(三)**节约费用开支**

第一,搞好物资管理,提高机器设备、工具的完好率,增加其使用年限,节省物资耗费。

第二,节约用电,合理科学地开关增氧机,节省电费开支。

第三,合理用工。使用自动投饵机,节约人工费用开支。

金盾版图书,科学实用,
通俗易懂,物美价廉,欢迎选购

济权益	9.00	农村经济核算员培训教材	9.00
城郊农村如何办好农民专		农村气象信息员培训教材	8.00
业合作经济组织	8.50	农村电脑操作员培训教材	8.00
城郊农村如何搞好人民调		农村沼气工培训教材	10.00
解	9.00	耕地机械作业手培训教材	8.00
城郊农村如何发展蔬菜业	6.50	播种机械作业手培训教材	10.00
城郊农村如何发展果业	7.50	收割机械作业手培训教材	11.00
城郊农村如何发展食用菌		玉米农艺工培训教材	10.00
业	9.00	玉米植保员培训教材	9.00
城郊农村如何发展畜禽养		小麦植保员培训教材	9.00
殖业	14.00	小麦农艺工培训教材	8.00
城郊农村如何发展花卉业	7.00	棉花农艺工培训教材	10.00
城郊农村如何发展苗圃业	9.00	棉花植保员培训教材	8.00
城郊农村如何发展观光农		大豆农艺工培训教材	9.00
业	8.50	大豆植保员培训教材	8.00
城郊农村如何搞好农产品		水稻植保员培训教材	10.00
贸易	6.50	水稻农艺工培训教材	
城郊农村如何办好集体企		（北方本）	12.00
业和民营企业	8.50	水稻农艺工培训教材	
城郊农村如何搞好小城镇		（南方本）	9.00
建设	10.00	绿叶菜类蔬菜园艺工培训	
农村规划员培训教材	8.00	教材（北方本）	9.00
农村企业营销员培训教材	9.00	绿叶菜类蔬菜园艺工培训	
农资农家店营销员培训教		教材（南方本）	8.00
材	8.00	瓜类蔬菜园艺工培训教材	
新农村经纪人培训教材	8.00	（南方本）	7.00

以上图书由全国各地新华书店经销。凡向本社邮购图书或音像制品,可通过邮局汇款,在汇单"附言"栏填写所购书目,邮购图书均可享受 9 折优惠。购书 30 元(按打折后实款计算)以上的免收邮挂费,购书不足 30 元的按邮局资费标准收取 3 元挂号费,邮寄费由我社承担。邮购地址:北京市丰台区晓月中路 29 号,邮政编码:100072,联系人:金友,电话:(010)83210681、83210682、83219215、83219217(传真)。